なわばり争いをするアユ（高知県奈半利川）。最初はヒレを立てて威嚇し合う。本文26ページ参照。

初夏、アユは群れをといて単独行動へ（高知県奈半利川）。天然アユと人工アユでは群れの作り方も異なる。本文37ページ参照。

石に擬態したアユカケ（鳥取県日野川）。エラの突起でアユを掛けると言われている。写真に撮りやすい底生魚である。「コラム3」33ページ参照。

アユの産卵（高知県安田川）。アユは砂利の中に卵を産みつけるため、産卵には小石が不可欠である。本文 48 ページ参照。

産卵は暗くなって活発になる（高知県安田川）。昼間は淵やトロで休んでいることが多い。本文 58 ページ参照。

アユの婚姻色。オスは黒とオレンジがはっきりと出る（高知県安田川）。本文 58 ページ参照。

カワムツの群。
日本の代表的な淡水魚（高知県安田川）

河原の美しい川（高知県仁淀川）。どこに行っても川の景色が似てきている。せめて残された美しい川を大切にしたい。本文 106 ページ参照。

上流を目指す稚アユ
（高知県安田川）
アユを上らせることのできる、きちんとした魚道を作ることが大切。
本文 7 ページ参照。

ふ化したばかりの仔魚。体長６ミリ（高知県物部川）。お腹に卵黄という栄養源を抱えているものの、海へ下らなければ、川の中で餓死してしまう。本文64ページ参照。

美しい森も大切にしたい（鳥取県大山）。
森林の荒廃が深刻な環境問題を引き起こす可能性がある。本文90ページ参照。

岸沿いを一列になって上る稚アユ（高知県安田川）。
高知では遡上するアユが最近小さくなっている。本文２ページ参照。

なわばりを巡回するアユ（高知県奈半利川）。体の黄斑は餌のラン藻に含まれるゼアキサンチンを摂取するとあざやかになる。本文 29 ページ参照。

水の表情（奈良県天ノ川）。美しい川やそこに住む天然のアユが「生態系のサービス」として見直されている。本文 144 ページ参照。

天然アユが育つ川

高橋勇夫

築地書館

はじめに

私が子どもの頃、高知にはまだたくさんのアユがいて、解禁日ともなれば夜も明けないうちから川は熱気に包まれていた。

その頃の写真を見ると、「アユよりも人が多いんじゃないか?」と思うほどなのだが、みんながそれなりに釣果をあげていたようである。信じられないほどの数のアユがいたことにあらためて驚かされる。それと同時に、この数十年の間に失われたものの大きさも思い知らされるのである。

私は、仕事や研究を通してアユと関わって三〇年近くなる。その間の成果は、「アユを知る」ということに少しは寄与できたのではないかと思っている。

しかし、アユを知るということは、確かに進んでいるはずなのに、肝心のアユは日本の川から減りつつある。どうしてなのだろうか?

ひとつ思い当たるのは、研究が細分化、専門化されてしまい、その成果が現場——釣り人や漁協、あるいは川を管理する行政——に伝わらないということである。このことは、ある面仕方がないという気もするのだが、アユのようにたくさんの人と関わりのある生き物の場合、「現場」にきちんと情報が伝わることがやはり大切なのだと思う。多くの人たちにアユのことを知ってもらうこ

● 1965 年頃のアユの解禁風景。高知県物部川（撮影：山崎房好）

とは、遠回りかもしれないが、アユを守ることにつながっていくからである。

アユは古くから日本人の暮らしと深くかかわってきた。特に地方では、暮らしの中にアユがいるといっても過言ではないほどに、人々の暮らしは川やアユと密接してきた。そういった地域から美しい川やアユといった自然の恵みが失われることで、地方の暮らしや意識も否応なく変化しつつあるように感じる。アユや川に何が起きているのか？　本書では、まず、アユの立場から、アユや彼らを取り巻く厳しい現実について考えてみたい。

ただ、そう悲観することばかりでもない。漁協の中にはこれまでの放流主体の増殖から天然アユを増やすという方向に転換したところも出てきた。市民の間でも天然アユの復活を望む声は大きくなりつつあり、実際に復活に向けて具体的な取り組みを始めたところもある。こういった新しい取り組みと具体的な方法を紹介することも本書の役割と考えている。

各地の河川で天然アユを守る活動が加速すれば、日本の川に天然アユが戻ってくるのもそう遠い日ではないような気がする。そのことはアユだけでなく多くの生き物、そして人にとっても住みよい環境を取り戻したということになる。

本書がそういった活動の一助にでもなれば本当に嬉しいことである。

目次

第1章 アユの一生

春

夏

秋

冬

第2章　変わりゆく川

第3章　アユと漁協

第4章　自然の恵みを未来へ

第1章　アユの一生「春」

冬の間海で過ごした稚アユたちが川を上り始める。水はまだ冷たく、生き物の姿は少ない。そんな砂漠のような寂しい水中の景色を一変させる稚アユの群。枯れ木に花が咲いたように美しい。

アユの遡上は川の水温が10℃になったころ（西日本で三月、東日本では四月ごろ）から始まり、13～16℃になったころ（西日本で四月、東日本で五月）に盛期を迎えることが多い。遡上の終わりには川の水温よりも海の温度が効いているようで、海水温が20℃を越えるころにアユの遡上も終盤を迎える。

アユが遡上する上限は遡上量が多い年には上流へと広がり、少ない年にはあまり上らない。また早期に川に入ったものは中・上流部にまで遡上するが、終盤に遡上したものは下流にとどまる傾向がある。

ただ、困ったことに川の中には堰やダムが造られ、アユたちの自由な移動を妨げるようになった。アユたちの苦労話にも耳を傾けてみたい。

遡上するアユが小さくなってきた

私の住んでいる高知では、最近、春に遡上する稚アユのサイズが小さくなっている。一〇年ほど前であれば、三月に10センチを超えるアユを目にすることは珍しくもなかったが、ここ数年三月に見るアユは7センチあれば良い方で、中には5センチもないシラス（体が透明な状態の稚魚）のようなアユまで上って来るようになった。

10センチのアユの体重は10グラム近くある。それが7センチになると、わずか2グラムしかない。かつては中学生になって川に入っていたものが、今は幼稚園児が遡上していることになるだろうか。

どうして川を上るアユの大きさが変わってきたのだろうか？

ご存じのように、アユは冬の間、暖かい海で生活していて、水がぬるむ春に川へ遡上する。アユが川を上り始めるサイズというのは、実は地域によって違っていて、北ほど大きい傾向がある。なぜかというと、北では秋に水温が早く下がるために、早く産卵する。一方で、春の水温上昇は遅いために遡上の開始は遅い。つまり北ほどアユの子が海にいる期間が長くなるのである。

海にいる期間を比べてみると、東北地方では２００日を超えることもあるが、温暖な高知だと1

●高知では遡上するアユのサイズが小さくなりつつある（高知県物部川）

２０～１３０日ぐらいにまで短縮される。奄美大島に住むリュウキュウアユに至っては、わずか70～90日程度しかない。この結果、海で暮らす期間が長い北のアユほど大サイズで川に入ってくることになる。

高知のような暖かい地域では、もともと短かった海での越冬期間が温暖化によってさらに短くなり、遡上サイズも小さくなっているようなのである。

遡上サイズが小さくなったことは、気候の変化にアユが対応しようとしている姿に他ならないのだが、困ったことも起きている。サイズが小さくなると泳ぐ力も弱くなる。最近、小さな堰《せき》でも稚アユが越えられないケースをしばしば目にするようになっ

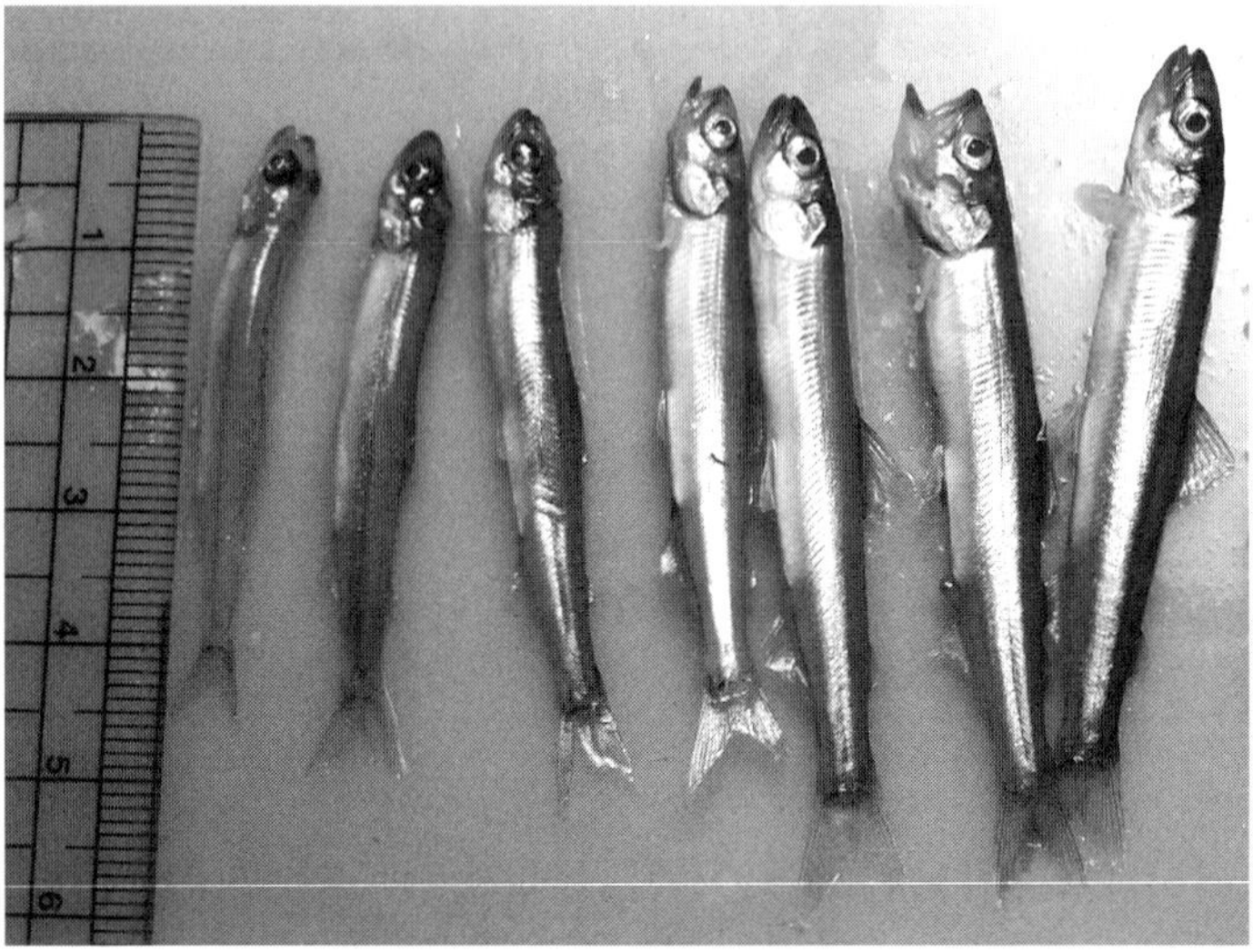

●全長が５センチもない小さいアユが３月に遡上する（高知県奈半利川で2007年に採集）

てきたのである。

遡上できないのはアユのせいではないのだが、気の毒なことに、かつてのアユのイメージを持つ人たちからは「最近のアユは軟弱になった」と言われることが多い。

もっと心配なのは、堰を越えられないことで生息範囲が限定されてしまうため、成長不良が起きていること。遡上サイズが小さくなった上に成長不良でアユがますます小さくなる。これについても「最近のアユは小さくて話にならん」と言われることが多いのであるが。

魚を上らせない魚道

堰やダムを作ると魚はそこから上流には上れなくなる。いくらなんでもそれでは魚に申し訳ないので、魚が利用できる階段のようなものが作られる。これが「魚道」である。

こういった魚道の設置は水産資源保護法という法律で堰の管理者に義務付けられている。堰の管理者とお会いする機会があると、この法律のことを聞いてみるのだが、知っている人にいまだかつてお会いしたことがない。

たぶんこういった意識の低さが根底にあると思うのだが、日本の魚道は構造の悪さが昔から指摘されているのに、あまり改善されていない。

極端な例をあげると、平常時はほとんど水が流れないように設計された魚道さえある。魚を上らせるという本来の目的がないがしろにされ、「魚道を設置する」ことが目的化してしまっているのではないかと勘ぐりたくなってしまう。

こんな例は別にしても、ほんのちょっとした配慮が足らないために上れない魚道は実に多い。

次のページの写真をご覧いただきたい。

階段式と呼ばれる魚道の入り口まで魚は何とか到達できるのだが、魚道の入り口に直角の段差が

●魚道入り口にジャンプするための水深がないためアユは上ることができない（高知県新荘川）

あって、アユのように遊泳するタイプの魚は、まず上ることができない。

というのも、魚がこういった段差をジャンプして乗り越えるためには、上方向への助走路となる深みが必要なのだが、この魚道には助走路となる深みがない。本当はジャンプしなくても良いように、入り口がゆるい斜路のような構造であればもっと良い。

いずれにしても、設計や施工の際にちょっと魚のことに思いをはせてやれば、費用もほとんどかからずに済むことなのである。

こういった問題の本質は、悪意もなく点字ブロックの上に自転車を止めるような配慮のなさと共通しているのかもしれない。障害のある人たちや上流に上れなくなった魚たちにとっては、時として命にかかわる大きな問題なのだが。

お金をかけなくても魚は上る――小わざ魚道

日本の魚道はうまく機能しないものが多いが、最近は問題点をきちんと説明すると理解してくれることも多くなってきた。

ただ、それでもまだ難問がある。

「何とかしたいが、予算がない」のである。確かに小さな農業用の堰であっても、それに魚道をつけると、設計料も合わせると一千万円を超えるのが普通である。この「お金の壁」は大きい。魚道の不備な堰が膨大な数に上ることを思えば、一つに一千万円以上というのは非現実的な話かもしれない。

ところが、世の中には賢い人がいるもので、通常の半分以下、場合によっては数分の一という極

●入り口が下流に突出した魚道。魚が入り口を見つけにくい（鳥取県洗川）

端に安い施工費で、効果がきわめて大きい魚道が開発された。考えたのは下関水産大学校の浜野龍夫さん（現在は徳島大学）や山口県土木部の職員の皆さんで、「小わざ魚道」という親しみやすい名前で呼ばれている。

その魚道を紹介する前に、日本の魚道の機能が良くない理由を整理しておくと、一番多いのは魚道の入り口が堰堤の下流に突出しているために魚が入り口を発見することが困難というタイプ（上の写真参照）。これは本当に数が多いうえに、昔から指摘されているのになかなか改善されない困りものである。

浜野さんらの魚道は、左のページの写真

●「小わざ魚道」。水たまりで黒く見えるのは遡上中のアユ（鳥取県日野川）

●植石タイプの悪い例。石によって流れをコントロールできていない（高知県野根川）

のようにコンクリートの斜面に石を植えた単純な構造であるが、魚道を扇状に作ることで、魚道の入口が魚に分かりやすい（＝どこからでも遡上できる）ように配慮している。

こういった植石タイプの魚道は、これまでにも各地の川で作られている。しかし、このタイプで効果があるものは、実は少ない。

なぜかというと、石の植え方（配置）がまずくて流れをコントロールできていないためである。

浜野さんらの現場を見ると、石をたくさん使うことで、自然の河川の構造に近づけ、流れを制御することに成功している。石と石の隙間は水たまりができる構造になっており、魚はそこで休むこともできる。生き物のことを考えて細部の構造を工夫しているのである。

浜野さんの現場を見て初めて、このタイプの魚道の性能が低かった理由が分かった。それは魚道の形式の問題ではなく、単に技術的な理解の程度が低かったためなのである。

私も浜野さんに施工方法を習って、いくつかの河川で実際に施工のお手伝いもさせていただいた。石を据える向き、水たまりを作る手順等々、思っていた以上に難しく、とまどうことも多いが、自分なりのアイデアで施工するのもまた楽しい。

現場の条件に応じた調整がしやすいのもこの魚道の特徴である。浜野さんらがこの魚道を「小わざ魚道」と名付けた理由がよく分かる。

この魚道はその特性を理解して使えば、費用対効果はかなり大きく、実際、魚もよく上る。稚アユが遡上できなくてお困りの河川に、自信を持ってお勧めできる魚道である。

コラム1

自然に学ぶ魚道作り

最近、魚道の施工管理を依頼されることが多くなった。「小わざ魚道」と呼ばれているもので（9ページ参照）、従来の定義で呼べば「扇形粗石付き斜路式魚道」という長い名前になってしまう。

この魚道の特徴の一つは斜路の平均勾配が1／5（水平方向に5メートル進む間に垂直方向に1メートル上がる）～1／7ときついことである。普通の魚道の勾配は1／10～1／20程度であるから、従来の倍もの急勾配ということになる。

「小わざ魚道」はこの常識外れの勾配によって、非常にコンパクトに作ることができ、工費も驚くほど安くなるのだが、「こんな急勾配を魚が上るのか」という不安を

勾配５分の１の早瀬。アユはここを簡単に上っていく（高知県物部川）

持つ方も多い。

　確かに従来の常識からは逸脱しているが、実は自然の河川にも１／５の勾配の早瀬が存在し、稚アユはそこを簡単に上っていく。秘密は瀬の「段々構造」にある。写真のように石で囲まれた小さなプールを滝落ちする流れでつなぐ構造となっているのである。稚アユはこの構造を利用してプールでちょっと休みながら上って行く。

　私は、施工の際この構造を魚道に再現することを意識している。水の流れを制御する石の配置やコンクリート面の仕上げ方の良し悪しで性能が違ってくるため、ある程度の経験を要するものの、基本構造さえ理解すれば、そう難しいものではない。

プールができるように石を配置していく（鳥取県日野川車尾堰堤魚道の建設現場）

アユの泳ぐ力は強いって、本当？

一般にアユは泳ぐ力が強い魚だと思われている。実際、1メートル程度の堰であれば、魚道が無くても超えてしまうことはめずらしくないし、ダムの無かった時代には、河口から150キロ上流まで遡上していたのである。

しかし、それはアユの一面に過ぎない。というのは、1メートルの落差のある堰を越えることのできるのは、ほんの一握りのアユで、その堰の直下では時として一万尾を超えるアユたちが遡上できずに行き場を失っているのである。

もう一つ見落としがちなことは、アユの遊泳力は時季によってかなり違うということである。先に述べたようなアユの遊泳力の強さを見せつけられるのは、ほとんどが五月ごろなのである。アユが川を遡上し始める三月頃は、本当に四苦八苦しながら上っている。

高知県の物部川《ものべがわ》には深渕床止という人工の段差がある。段差といってもわずか40〜50センチしかなく、アユの障害になるようには見えない。ところが、三月ごろにこの段差の直下に潜るとおびただしい数のアユが毎年溜まっていたのである（最近改良されて上りやすくなった）。ただ、四月の終わり頃から五月になると、そこに溜まるアユの数は少なくなっていた。

●堰をジャンプして越えようとする稚アユ（鳥取県日野川５月）
アユがこうした力強いジャンプをできるようになるのは、水温が 15℃以上になる５月以降だ。

●わずか１メートルの堰を越えられずに堰の直下に溜まったアユ（鳥取県日野川５月）

こういった変化が起きる主な理由は水温のようである。

アユは変温動物なので、その活動代謝は低水温では低下し、好適な水温範囲であれば水温が高いほど上昇する。彼らの運動能力は水温によって変化するのである。アユが驚くほど強い遊泳力を見せてくれるのは、実は水温が15℃以上になる五月以降で、その頃「アユが元気に遡上！」といった記事が新聞に掲載される。

魚道を設計する時、「アユは遊泳力が強い」という思いこみが低水温の時期に上れない魚道を造ってしまう落とし穴になっているように思う。

温暖化で増える陸封《りくふう》アユ

まだ放流もしていない時期にダムの上流でアユを見かけることがある。その正体はダム湖で発生した「陸封アユ」である。

アユの場合、ダムができてアユが遡上できなくなっても、ダムの上流に漁協が稚アユを放流する。そのアユ達は秋になるとダムの上で産卵する。ふ化した子がダム湖を海代わりにして越冬し、春に流入河川に遡上するということがある。

そういった陸封アユがいるダム湖は九州から関東付近まで点在するのだが、そのほとんどは関西以西である。つまり、暖かい地方にあるダム湖で集中的に発生しており、その要因は冬場の水温がアユの子の生息下限である5～6℃を下回らないことにある。

高知市の山間部にある鏡ダムでは、二〇〇七年、突如として大量の陸封アユが発生した。その数、約五〇万尾。陸封アユが遡上したダムの上流河川で調査してみると、1メートル四方に四尾を超えるアユがいた。明らかに過密状態で、ほとんど成長できないアユも多かった。

この鏡川《かがみがわ》の陸封アユの発生原因を分析してみると、やはり温度と関係があることが分かってきた。気温（水温データはなかった）が最低となる一～二月の温度は、この五年間で一番高かったの

●鏡ダム湖から流入河川に遡上した陸封アユ（高知県鏡川）

である。

この鏡川の例のように、暖冬の翌春に陸封アユが発生するケースがあり、最近、こういった陸封アユがいるダム湖が増えつつある。もちろん、新しくダムが作られるために数が増えているということもあるのだが、それを上回るペースで増えているのである。どうやら近年の温暖化は、陸封アユを増やす方向に働いているようである。

このことは「河川の利用」という面からは喜ばしいが、ダム湖も人工的なものなら、アユの放流も人の手によるものである。これに「温暖化」というこれまた人工的な気象現象が加担していることを素直に喜んでよいものだろうか？

天竜川《てんりゅうがわ》のシラスアユ

静岡県の天竜川漁協では四年前から天然アユを増やす対策に乗り出した。まず始めたのは不漁の原因を探るための調査。私の方は専門的な分析のお手伝いをさせていただいている。

二年前の春に天竜川で採集された稚アユのサンプルを見ていた時のこと、驚いたことに３～５センチのシラスアユがたくさん入っていた。

シラスアユというのはアユの幼形で、ふつうは海で生活している。シラスアユが川に上ることもありえないことではないのだが、通常は水温が高い時季に起きる現象である。

ところが、天竜川ではシラスアユは二月に採集されているのである。水温は６～10℃で、生存すら厳しい条件である。

はたして彼らは何者なのか？　いくつかの可能性が考えられた。

一つは、天竜川には昔からこういったシラスアユが海から遡上していた。

二つ目は、河口内の汽水域で生活していたアユという可能性。経験してきた水温が海よりも低いだけに、冷たい水に強そうである。

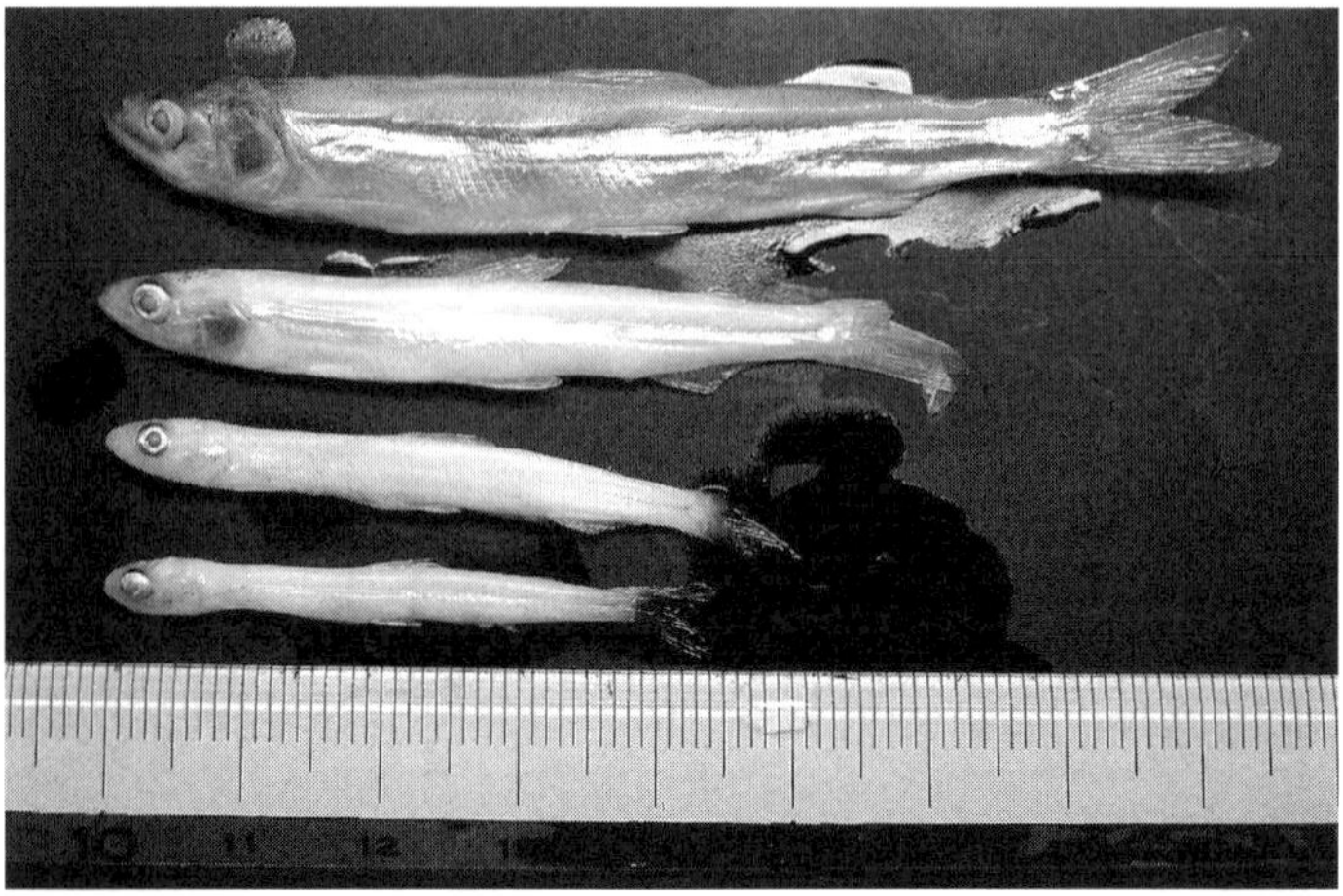

●天竜川で２月に採集されたシラスアユ（下の２尾）。海で暮した履歴を持っていなかった。

●シラスアユが取れた天竜川の下流部

三つ目は、上流にあるダム湖で育ったアユが流下したというケース。つまり、「陸封アユ」である。

実はこれを確認することができるのである。

ストロンチウムという微量元素は、淡水には少なく海水に多い。体内に蓄積されたストロンチウムの量を分析すると、そのアユが生活した環境が分かる。

この分析はかなり専門的で、分析費も高いのだが、幸いなことに東京大学の塚本勝巳先生と黒木真理さんが協力してくださった。

その結果は、シラスアユには「海水の履歴がない」というものであった。どうやら上流のダムで育ったアユが何かの拍子に下流に流下しているようなのである。

こういったシラスアユは結構餌を食べていた。成長して元気な「天竜アユ」になると想像している。

コラム2
アユを追って回遊するスズキ

四万十川《しまんとがわ》の川漁師だった故山崎武さんの名著『大河のほとりにて』（その後『四万十川漁師ものがたり』と改題されて「同時代社」から出版された）には、アユを追って四万十川を40〜50キロも遡上するスズキのことが書かれている。スズキが本当にアユを目当てに川に入ってくるのかはよく分からないが、川に潜っていると、確かにアユを食べていると実感することがある。

　高知県須崎《すさき》市の新荘川《しんじょうがわ》は、私の「定点観察河川」である。その川には河口から2キロほどのところに堰があって、稚アユはここで一旦足止めされる。四〜五月にその堰の下流に潜ると、毎年「必ず」といってよいほどの確率で、50〜60センチのスズキの群と対面できるのである。堰下に溜まった稚アユを好きなだけ食べることができるのか、丸々と太っていたのが印象的であった。

　四万十川ではごく最近まで、「スズキの瀬張り網漁」というのが許可されていた。これは産卵のために下流に降下するアユを追って移動するスズキ（四万十川では「落ちスズキ」と呼ぶ）をねらう漁で、かつては3〜4キロ級のスズキが一晩に百本以上も獲れることがあったらしい。

　前出の山崎武さんによると、落ちスズキは常に大群を作る性質があって、水の色が変わって見えるほどであったという。また、産卵場に集まったアユをねらって、千尾を超えるスズキの群ができていたことも

アユを追って川に入ってきたスズキの群れ（高知県の新荘川）

あったと言う。

　このように古き良き時代の記録に目を通すと、スズキという魚の生態がアユと密接に関係していたことがうかがわれる。

　今、最後の清流と呼ばれる四万十川に潜ってもスズキの姿を見ることは少なくなった。これは彼らの好物のアユがいなくなったせいなのか。それとも、スズキの生息場所そのものが失われているためなのだろうか。

第1章　アユの一生「夏」

川に入ったアユは、川底の石の表面にはえた藻類（コケ）を活発に摂餌し成長する。アユの歯は櫛のような形をしていて、石の上の藻類をはぎ取るのに都合がよい。実はこの歯、川に入ってから生え替わる。

藻類を食べるため、アユには藻類が育つ環境——水がきれいで、川底にコケが付きやすい石がある——が必要となる。こういった条件は日本列島の急勾配の川に見られる。

春には群をなして移動していたアユたちも、初夏になると単独行動に移りはじめる。この頃には10〜20センチまで達し、自分の餌場を占有するための「なわばり」を作る個体が多くなる。なわばりの大きさはおよそ1メートル四方。この中にアユが入ってくると攻撃して追い出す。

釣ったばかりのアユはキュウリのような香りがある。香魚と呼ばれるゆえんである。この香りはアユがもともと持っているもの（海にいる稚魚も同じ香りがある）であるが、川の環境や食べるコケの質でも変わる。水質の悪い川のアユはこの香りが泥臭さに負けるのか、香りが弱くなる。アユの香りというのは川の環境のバロメータということもできるのである。

損得勘定で決まる、なわばりの大きさ

アユは「なわばり」を持つ魚である。その広さはおよそ1㎡と言われているが、実際には、かなりのバリエーションがある。

中央水産研究所の井口恵一朗さんによると、なわばりの広さは、個体の損得勘定だけで説明できるという。「得」というのはなわばりを持つことで確保できる餌（藻類）で、「損」はそれを防衛するためのコスト。相手を攻撃するためのエネルギー損失やケガ等である。

私がこれまで野外で見たアユのなわばりで最大のものは、縦6メートル、横2メートルもの広さがあった。最初はとてもなわばりとは思えなかったのだが、三〇分ほど観察していると、その中だけで餌を食べているし、侵入するアユを攻撃していた。このケースでは周りにアユは少なく、なわばりが広い割に攻撃する回数は少なかった。

逆になわばりが狭いケースでは、50センチ四方しかないことがある。そのなわばりのオーナーは20センチを超える大きなアユだったのだが、その付近にはたくさんのアユ（1㎡に六尾）がいたため、小さななわばりでないと防衛しきれないようであった。

ところで、こういったアユの行動を観察する際、観察者の影響で本来の行動が表れないというケ

●ひれを立ててなわばりを主張するアユ（高知県奈半利川）

ースは多い。

川に潜って観察したい個体に近づいていくと、逃げないまでも、こちらをチラチラと見ることがある。動きもいくぶん忙しない。こんな時は、「危害を加えない」という、こちらの意志が相手に伝わる（ような気がする）まで、ただひたすら動かずに待つしかない。一度安心するとあまり気にならないのか、写真撮影するために動いても驚かなくなる。

おもしろいことに、天然アユは警戒心を解くのが早く、フレンドリーな感じがするのに対し、放流された人工のアユは相対的に警戒心が強いことが多い。飼育されていた人工のアユが人馴れしているように思えるのだが、実際は逆なのである。

●アユのなわばり争い。最初はヒレを立てて威嚇し合うが、それで決着が付かないと噛み合ったり、写真のように体をぶつけ合うこともある。ケンカの時間はふつう数秒だが、時には10秒以上争うこともある。負けたアユは「なわばり」から出ていく。

なわばりアユはなぜ黄色い？

友釣りで釣ったばかりのアユは「まっ黄色！」と叫びたくなるほど黄色みが強いことがある。胸の黄斑だけでなくヒレの縁辺までもが黄色に染まる。頭部の黄斑がはちまきを巻いたように見えるアユさえいる。こういった体表の黄色はなわばりアユのトレードマークのように思われてきた。

しかし、アユのなわばりと体色の黄色は必ずしも関係はないようなのだ。

というのも、全く攻撃行動をしないのに黄色いアユを見かけることがあるし、まれにではあるが、写真のように（カラーでないので分かりにくいかもしれないが）まっ黄色なアユが群がって仲良く（？）餌をはんでいることもある。

●なわばりアユ。胸やヒレが黄色くなる（高知県奈半利川）

●仲良くコケをはむ「まっ黄色」なアユたち（高知県新荘川）。なわばりを持たなくてもアユは黄色くなる。

●群アユの中に混じる「黄色いアユ」。彼らはなわばりを持たずに単独行動を取ることが多いが、何かあるとすぐに群れに帰る。

皆さんの中にも「入れ掛かり」なのに釣れるアユは黄色くないという経験をされた方がいるのではないだろうか。

では、アユはなぜ黄色くなるのだろうか？

京都薬科大におられた松野隆男さんによると、アユの体表の黄色はゼアキサンチンというカロテノイド系の色素に由来している。この色素はコケ（付着藻類）に含まれていて、アユが食べることで体内に取り込まれ、体表に黄色みが出る。

興味深いことにこのゼアキサンチンはコケの中でもラン藻に含まれていて、アユの主食のように言われるケイ藻には全く含まれていない。

ケイ藻ばかり食べているアユは黄色くならないのである。「アユの主食はケイ藻」とよく言われるが、「主食はラン藻」と言う方が正確だろう。

それはともかく、黄色みが強いなわばりアユはラン藻をたくさん食べているということになる。なぜアユはラン藻を多く食べることになるのだろう？　この仕組みを中央水産研究所の阿部信一郎さんらが解き明かしている。

阿部さんらによると、アユがいない状態では川の石の表面にはケイ藻が多いのだが、アユがコケを食べ始めるとケイ藻は減少し、代わって糸状のラン藻（ビロウドランソウ）の群落へと変化する。ケイ藻はアユに食べられると急激に少なくなるのに対して、ラン藻はむしろ増殖スピードが上がるためにラン藻が選択的に残るのである。なわばりアユは一定の場所のコケを食べるので、なわばり内はラン藻の卓越した餌場となりやすい。

そのためラン藻に含まれるゼアキサンチンを多く取ることになり、結果として体表の黄色みが強くなるのである。

おまけにラン藻はケイ藻に比べてタンパク質の含有量が多く、カロリーも高いらしい。なわばりアユの成長が良いのは単に餌を独占しているためだけではなくて、餌の質が良いことも関係しているのかもしれない。

さらに付け加えると、アユは「黄色」を識別する能力に優れている。なわばりアユが黄色くなることで識別が容易になり、なわばりアユどうしの無用なけんかを避けることができるし、群れアユの侵入を防ぐことにも役立つと言われている。

こう考えると、なわばりアユが黄色くなることは彼らにとってはやはり意味がある。アユの体色一つにも自然の合理性が隠されている。

コラム３

写真を撮りやすい魚、撮りにくい魚

水中で写真を撮りやすい魚とそうでない魚がいる。

撮りやすい魚の筆頭はコイで、別に撮りたくなくても向こうから寄ってくることが多く、時にはつきまとわれて困ることさえある。

ヨシノボリ等の底生魚も全般に撮りやすい。中でもアユカケは石への擬態に相当な自信があるのか、接写しても逃げないことが多い。

撮りにくそうに思えて意外と撮りやすいのがヤマメやアマゴで、こちらが雑な動きさえしなければ良いモデルになってくれる。この魚は水中でじっと定位してくれる

すぐに寄ってくるコイ（高知県物部川）

ので、ピントも合わせやすい。

反対に意外と撮りにくいのが、カワムツ、オイカワ、ウグイといった連中で、常に動いているためにピント合わせが難しい。

最も難しいのは、ミミズハゼで、彼らは礫の中に住んでいるため、個体数が多い割には目にすることすら少ない。たまに見つけても、すぐ石の下に隠れてしまうため、撮影のチャンスは一瞬である。

アユは撮りやすい魚の一つで、遡上期や産卵期はこちらのことをほとんど気にしない。ただ、同じ稚アユでも、天然のものはほとんど逃げないのに、放流された人工アユは、フラッシュにさえ敏感に反応することがある。池の中で、ずっと安全に過ごしてきただけに、神経が細いのだろうか？

定位するのでピントを合せやすいアマゴ（高知県物部川）

洪水とアユ

最近各地で豪雨被害が頻発している。時間１００ミリを超えるような雨が降るのが、もはや当たり前になってきた。川は濁流が渦巻き、見ているだけで恐くなる。

ところで、こんな洪水の時、アユはどうしているのだろうか。

避難方法は大きく分けて二つあるようで、一つは、流れがゆるい岸ぞいの草むらとか低木が水没したような場所への避難。こういった場所では、避難したアユをねらった「濁りすくい網漁」が昔から行われている。

もう一つの避難方法は、海まで流されるというやり方で、洪水が収まるまで海で待機している。徳島市の沖ではこういったアユが定置網によく入ると聞いたことがある。

海に避難したアユは洪水が収まるとやがて川へと遡上していくのだが、必ずしももとの川に帰るのではなく、近くで早く濁りが取れた川が選択されるようである。高知県の安田川《やすだがわ》では、出水の後、それまで見たこともなかったような大きなアユが釣れることがある。地元の人たちはそれが隣の奈半利川《なはりがわ》から来たアユだと言う。

奈半利川は上流にダムがあって、洪水の後濁りが長期化するために、海に出たアユが帰って来に

●大雨による濁流（高知県伊尾木川）。一時的に海に出たアユは洪水が治まると川へと遡上するが、必ずしももとの川に帰るのではなく、近くにある早く濁りが取れた川に入るようだ。

くいようである。奈半利川の漁協にとっては頭の痛い話だが、アユに名札がかかっていない以上どうすることもできない。

奈半利川と安田川の河口の距離は3キロほどしか離れていないが、洪水の時に海に出たアユはかなり広い範囲に分散するようで、調査用の標識を付けたアユが15～20キロ離れた川で採集されたこともある。海に出ている間も遡上できる川を積極的に探している様子を想像させる話である。

天然アユと人工アユの群れの作り方

全国の河川で種苗放流が行われている。かつては琵琶湖のアユがよく使われていたが、今は人の手によって卵から育てられた人工種苗が主流である。

人工種苗が川に放流された後の行動と飼育方法との関連を知りたくて、ここ数年、各地の河川で放流後の追跡調査をさせていただいている。天然アユの行動パターンを「標準」として、それと比較する形で人工種苗の行動を観察すると、いくつか違いが見えてきた。

最も注目しているのは群れを作った時の一匹ずつの間隔である。

これは「個体間距離」と呼ばれるもので、遡上期の天然アユだとこの間隔が上下左右ともちょうど体長分ぐらい離れている（次ページ写真）。上流へと遡上しながらも盛んにエサ（石にはえたコケ）を食べるため、この程度の距離がないとエサが取りにくいようである。

ところが、人工種苗の中には39ページの写真のように個体間距離がほとんどない群れを作るものがある。これだけ密着していれば、エサは取りにくい。当然成長も良くなくて、ちょっとした増水で下流へ流されてしまうことが多い。そしてこういう密集型の群れを作る種苗は大きくなってもなわばりを作る性質に乏しく、友釣りではあまり釣れない。

●天然アユの群れ。個体間の距離が開いているのが特徴（高知県安田川）。左の写真に比べると、かなり間隔が広いことが分かる。

一方で、天然と同じような群れを作る人工種苗も少なからず存在する。こういった種苗は、遡上性が強くなわばりを作る性質も強い傾向がある。

同じ人工種苗でありながら、どうしてこのような差が出るかというと、原因の一つは飼い方にあるらしく、天然に近いアユを作っている飼育場には、低水温で飼育する、天然アユを親に使う、低密度で飼う等、複数の共通点がある。

問題なのは、こういった共通点は人工種苗の飼育を難しくする要因となること。そのため、生産量の安定（飼育のしやすさ）を重視すれば放流効果の低い種苗となりやすく、放流効果を重視すれば思うような量

●人工種苗の群れ。ゴンズイ玉のような密集した群れを作ることがある。餌を取りにくいためか成長も良くない。

を生産できないというリスクが大きくなってしまう。

われわれ釣り人はいろいろと文句を言うが、種苗を生産するというのはなかなか難しいようである。

ただ、天然のアユにきわめて近い人工種苗が存在するという事実は人工種苗の可能性を示すもので、明るい材料だと思っている。

川に潜ってカワウとアユについて考えた

全国のアユの漁獲量は最近減り続けている。この原因の一つにカワウによる食害があると言われている。私はカワウに関しては全くの門外漢であるが、川での潜水観察から、アユに対するカワウの影響について考えてみた。

アユがカワウにねらわれる原因の一つに放流される人工種苗の行動の問題をあげることができる。例えば群れの作り方で、人工種苗の中には団子のような群れを作るものがある（39ページ参照）。カワウにとっては「格好のエサ」という気がするのである。

コイのように30センチ以上の大きな魚と1センチ以下の稚魚しか見えない川に出会うことがある。ちょうどカワウに食べ頃のサイズが抜け落ちたような異常なサイズ構成である。こういった光景を見ると、カワウの怖さを感じざるを得なくなる。

しかし、逆に果たしてカワウの影響なのかと疑いたくなるケースも少なくない。ダム上流のA川では、放流された種苗がアユ漁解禁以前にほとんどいなくなることがある。この川でもカワウは見かけるが、アユを食べ尽くすような個体数ではない。実際、種苗が変わった年は、アユはあまり減らない。つまりアユが減る原因は、アユ自身の種苗性に起因しているのである。これと同じようなケースで、「原因はカワウの食害」と判断されることが相当数あるのではないかと私は考えている。もちろん、カワウがいる以上、食害があると考えるのは当然なのだが、問題は「アユがいなくなった原因のほとんどがカワウに起因している」というのは「本当なのか？」ということなのである。

実はこういったことは他にもあって、例えばダムのある川でアユが減少した場合、すべてダムが悪いという言い方をされることがある。しかし、調査してみると、アユが減少した原因はダム以外にも存在し、かつ、その問題は解決可能というケースは少なくない。

カワウの場合も、アユに関わる人たちにとっては、ダムと同様、「目に付きやすい敵」である。そして、放流したアユが次々と食べられるのを目にすれば、冷静でいろという方が無理かもしれない。しかし、冷静な判断なくしては「できる対策」もできなくなってしまう。

この話——カワウの被害は考えられているよりも小さいことがあるかもしれない——が正しいとしたら、アユにとっては対策を誤るという意味で、カワウにとっては実際よりも大きな罪を着せられるという点で、どちらにも不幸なことになってしまう。

私たちはカワウともアユとも共存していかなければならない。そのためには今後、三つの段階の対策が必要となる。

●アユ等の食害が問題になっているカワウ（高知県四万十川：浜田哲暁撮影）

一つ目は効果的な「対症療法」の開発。カワウによる食害があるのは紛れもない事実であり、これをとりあえず軽減する方法を早急に開発しなければならない。これは「冷静に対応する」ためにも必要なことである。

二つ目はカワウによる食害の実態把握である。客観的な判断をするためにも必要なことであるが、効果的な対策を検討するうえでも欠かせない。

三つ目は自然のバランスを回復するということである。カワウの増加の要因の一つが人為的な環境の改変（例えば、川の構造の単純化）であると考えられている。この面からは河川環境をより自然に近い形に戻すことが、長いスパンでの対策として求められる。

コラム４

若アユの天ぷらが食べたい

アユの食べ方の東の横綱が塩焼きだとすれば、西の横綱はどうなるだろうか。批判を覚悟で言えば、私の場合は若アユの天ぷらである。

釣りたての若アユ、それも12センチまでのものを選びたい。アツアツの揚げたてを塩でいただくのが最高で、ワタの苦みがまたいい。

この天ぷらを食べたいがために、一時期ドブ釣り（毛針釣り）を始めようかと思ったが、結局やらずじまいで終わった。この釣りはアユがたくさんいないと成立しないと聞いたからで、年々アユが減っている高知でこの釣りを覚えるのはちょっと無理な気がしたのである。

初夏になると天ぷらが食べたくなり、若アユを手に入れる方法を思案するが、結局友釣りに走ってしまう。

アユのドブ釣り。ドブというのは流れのゆるい場所のこと

「うちのアユが一番うまい」について考える

川自慢に「うちのアユが一番うまい」というのがある。このことについて考えてみた。三つほど理由があるように思う。①地元びいき、②食べ慣れている味がその人の好みになってしまう、③地元の川だと鮮度が良い。

①と②は単なる想像に過ぎないが、味覚というのは、独善的な判断が入ることは少なからずありそうな気がする。三つ目の「鮮度の違い」というのは、もう少しまともな理由がある。アユはしめてからの時間で味がかなり変わる。アユ独特の香りや甘みは時間の経過とともに失われ、一晩置くとその差ははっきりと出る。アユが一番美味しいのはなんといっても「釣りたて」なのである。

となると、家から近い川で釣ったアユほど鮮度が良くて美味しいということになりはしないか。

北大路魯山人が八〇年ほど前に「鮎の食い方」というエッセイを書いている。その中で、「アユを美味く食うには産地に行く以外に手はない」と述べている。魯山人が言うとやはり説得力があり、三番目の理由は正しいような気がする。

ところで、「うちのアユが一番うまい」という話にはおまけがあって、「アユが食べるコケが違

●美味しいアユを食べるには、近所の川で天然アユを復活させるのが一番かもしれない。地元の川からの恵みを大切にしたい（山形県小国川）

う」という話になる。

つまり、アユの味というのは、アユの体だけではなくてアユが食べた餌までもが渾然一体となって醸し出される奥深いものなのである。

と、思っていたら、ある人にあっさりと否定されてしまった。腹の中のコケなどはアユを食べるうえでは雑味に過ぎなくて、アユを生け簀で一晩飼ってフンを出すとずっと美味しくなるという。

あまりにも美味しそうなので、自宅に急ごしらえの水槽を構え、釣ってきたアユを一晩飼ってみた。翌日食べてみて驚いた。確かにうまい。

それにしても家の近くに川が流れてい

て、その恵みを受けることができるというのは本当に幸せなことなのだと思う。

第1章　アユの一生「秋」

秋の気配が漂い始めると、アユは産卵のために群を作って川を下り始める。親アユの降下は出水が引き金になることが多く、出水のない年には降下が遅れる。

川を下った親アユは下流部に集まり産卵を始める。産卵に適した場所は、小砂利底で浮き石（ざくざくした状態）となった瀬。最近はアユの産卵に適した浮き石底が少なくなってきた。アユたちは相当に苦労して産卵している。

主な産卵期は一〇～一一月であるが、暖かい地方では年が明けた一月まで続く。とくに最近は暖冬のために産卵が遅れがちになっている。産卵は暗くなり始めた夕方から活発になり、夜の八時頃にかけて行われる（まれに朝方産卵することもある）。暗い中で産卵するのは、天敵である鳥などから身を守るためと考えられている。産卵を終えた親アユは一年という短い一生を終える。

アユの産卵観察記

川に潜ってアユを観察していると、忘れられないシーンに出会うことがある。産卵にまつわるそんな話を二つ。

七年前の一〇月、高知県東部の奈半利川に十数年ぶりに潜った。かつては広大なアユの産卵場ができていた場所であったのだが、十数年の間に川の環境はずいぶん変わってしまっていた。アユの産卵に不可欠な小石（アユは砂利の中に卵を産みつける）がほとんど無くなっていたのである。

奈半利川は上流にダムがあるために、産卵に適した小石が流れてこなくなっていて、川底には頭ほどの大きな石がごろごろしている。小石は大きな石の間に挟まれるように残っている程度で、まともに産卵できる状態ではなかった。この川でアユが少なくなった理由が理解できた。

しかし、よく見ると所々に裏返った小石がある。もしやと思い、掘ってみると、アユの卵が見つかった。アユたちは堅く締まった川底の石を自力で掘り起こして、卵を産んでいたのである。なぜここまで苦労しなければならないのか？　泣けてきた。

もう一つの話も奈半利川である。一昨年の一月、産卵場に潜ってみた。年が明けてもまだ産卵しているかどうかを確かめたかったのである。数は少なくなっていたが、まだ親アユはいた。ほとん

●必死さが伝わってくるアユの産卵（高知県安田川 12 月）。アユの産卵には川底の小石が不可欠。川の環境変化によって産卵場所が失われると、アユは激減してしまう。

どはメス。秋のような産卵前の神々しい姿ではなく、やせ細ってみすぼらしくなっていた。それでも最後の力を振り絞って産卵しようとしていた。本当に産卵できているのかどうかも疑わしいのだが、「子を残す」という強い意志が感じられた。

「落ちアユ漁」は産卵の終わったアユを獲るので何の問題もないというような話も聞くが、それは人間の勝手な思いこみなのかもしれない。アユたちは自分の命の続く限り、それを次代に引き継ごうとしている。

●やせ細っても命の続く限り産卵しようとするアユ（高知県奈半利川１月）

コラム5

アユの卵が食べられる

アユの産卵を観察していると、産み付けられた卵が食べられるのをしょっちゅう目にする。

一番多いのは、アユによる食卵で、これは産卵期間中絶え間なく行われている。一度、産卵場で捕まえたアユのお腹の中を調べたことがあるが、多いものでは百個以上の卵を食べていた。産卵期になると食べるものが乏しいため、一番手近な食料が他のアユが産んだ卵ということになるのだろうか。

他の魚では、ウグイ、オイカワ、コイ、ヨシノボリ、ヌマチチブ等がアユの産卵場で見かける常連さんである。

めずらしいところでは、モクズガニ。写

産卵するアユのおしりに頭をつっこんで食卵するアユ（高知県安田川）

真をよく見ていただきたい。私の誤解なのかもしれないが、産卵場で見かけた彼女(彼?)のツメの毛にはたくさんの卵が付いていたのである(誤解であればごめんなさい)。

このように産卵シーズン中に食べられるアユの卵は相当な数に上るが、産卵環境の悪化、たとえば河床に砂泥が堆積することでその数はさらに大きくなっているようである。天然アユが減る原因はこんなところにもある。

産卵場で見つけたモクズガニ。ツメの毛には卵がたくさん付いていた理由は…。(高知県安田川)

データと感性——アユの産卵場を作る

アユの産卵場を調べてみると、ほとんどの卵は5～50ミリぐらいの礫に付着している。アユは産卵の時、自分で礫を動かしてその間に卵を産み付けるため、アユの力でも動かすことのできる小さめの礫が選ばれるのだと考えられている。

高知県の奈半利川は、先にお話ししたようにダムによって砂利が堰止められてしまう。そのため、アユの産卵する下流部には小石がほとんど無くなってしまった。このままでは産卵が難しいため、人工的に産卵場を造成し、そこにフルイに掛けた小石を入れることになった。

とりあえずは調査データに従って、アユの産卵に適している5～50ミリの礫を敷き詰めてみたところが、どうもうまく産んでくれない。産まないわけではないのだが、まだらになってしまうのである。理由はよく分からないのだが、印象としては、アユが何かを嫌っているように思えた。

確認のために天然の産卵場に潜って観察してみると、卵は確かに小さめの礫に付着しているのだが、マクロに見ると、10～20センチの礫が散在するような場所、つまり調査データよりも大きめの礫のある場所に産卵していた。ためしに5～15センチの大きめの石を少し混ぜてみると、今度はほぼ全面に産卵してくれたのである。

●アユの産卵。卵を小石に産み付ける（高知県安田川）。様々な要因によってアユの産卵に適した石のサイズが変わってくる。産卵場の人工造成には、現場にあった対応ができる感性が必要になる。

別の河川では5センチまでの小石だけでもきれいに産卵するので、大きい礫を入れることが必須条件とは思えない。流速とか水深といった要素によって、選ばれる礫の大きさが決まる可能性はあるのだが、今のところアユがなぜそういう選択をするのか、はっきりとは分からない。

客観的な判断をする上でデータは大事なのだが、それに縛られるとうまくいかないこともある。理由は分からなくても現場にうまく対応できる「感性」を磨くことも自然相手の仕事では大事なことなのである。これは大きめの石が選ばれた理由が分からなかった言い訳でもあるのだが……。

産卵にも多様な環境が必要

今（二〇〇九年）、一級河川の河川整備基本方針（長期的な視点に立った河川整備の基本的な方針）を具体化するための河川整備計画が作られている。その中には、河川の正常な機能を維持するために必要な流量（正常流量）が定められていて、さらにその中には生き物の生息を保証するために最低限必要とされる流量（維持流量）が含まれている。

この維持流量は、アユの産卵を考慮して決定されることがあり、具体的には産卵に必要な水深と

●しぶきが上がるほど浅い場所で産卵するアユ（高知県仁淀川：島崎裕之撮影）。アユが産卵する条件は川によっても、季節によっても変化する。

流速から流量が計算されている。つまり、この計算はアユの産卵にとって流速と水深が重要な物理条件となっているということを前提としている。

確かに、アユの産卵を観察していると、アユがよく産卵している流速は毎秒50センチ程度、水深は30センチ前後というように、ある程度は特定できそうな気にはなる。

ただ、物事に例外はつきもので、例えば、静岡県の天竜川では、主な産卵場は水深１メートル以深にある（理由は分からない）。それとは逆に、高知県の多くの河川では水深が５センチ以下の場所でも盛んに産卵が行われる。

同じ川でも時期によってアユが選ぶ水深や流速は異なり、アユに体力のある産卵の初期は激流（白泡が立つほど流れが速い）と呼べそうな場所での産卵が多い一方、アユの体力が低下する産卵末期は流れの緩いトロ場のような所を選んで産卵している。

このように、アユの産卵一つ取っても、かなり多様な環境で行なわれており、先の維持流量の計算のように、アユが好む特定の水深や流速が存在すると考えるのはちょっと無理がある。

アユが多様な環境で産卵するのは、単にアユ自身の体力の問題だけではなく、もっといろんな事情があるに違いない。例えば、卵が干上がるリスクが大きいにもかかわらず極端な浅瀬で産卵するのは、他の魚（例えばコイ）に卵を食べられないようにするためなのかもしれない。

大切なことは、アユに多くの選択肢を残してやること。その時々の情況に応じて最適な場所を選べるように、川の中に多様な環境が維持されているということなのである。

アユの婚姻色

産卵期にのみ現れる平常と違う体色のことを「婚姻色」という。

アユの場合、オスは背中と側面が黒く、お腹の部分がオレンジ色になる。

この婚姻色は産卵中のオスアユに恒常的に見られるものと思っていたのだが、産卵期に潜って観察していると、どうも違うようなのである。

ご存じのようにアユの産卵は夕方から夜にかけて行われることが多い。昼間どうしているかといえば、メスは産卵場となる瀬の近くの淵やトロで休んでいて、産卵場で見かけることは少ない。オスは淵やトロで休んでいることもあるが、瀬でもたくさん見かける。

この昼間見かけるオスの婚姻色は産卵中でない場合に限ってはあまり目立たない。最初は成熟していないオスなのかなと思っていたが、どうも違う。

●産卵期、夕方になると婚姻色がはっきりと出たアユで埋め尽くされる（高知県仁淀川）

仁淀川《によどがわ》（高知県）の産卵場で昼過ぎからずっとアユの行動を観察したことがある。そうすると夕方が近づくにつれ産卵のためにアユが瀬に入ってくる。主に下流のトロから来ているようであった。ただ、初めのうち（夕方の三時頃）は婚姻色がはっきりとしたアユはそれほどいない。産卵も散発的である。暗くなるにつれ、婚姻色のはっきり出た個体が急激に増え、産卵も活発になるのである。

この現象をどう解釈すれば良いのだろうか？

一番考えやすいのは、産卵時刻になったから、婚姻色の出た個体が瀬（産卵場）に入ってきたということであるが、それは違うようなのである。というのは、昼間に何度か下流のトロにも潜ったのだが、婚姻色がはっきり出た魚はあまりいなかったのである。

可能性が高いのは、アユの婚姻色は一日の中で変化するということで、産卵時刻になるとはっきりとした色調になるのではないだろうか。ただ、一尾のアユを一日中追跡調査しているわけではないので、はっきりしたことは分からない。

ずっと半信半疑のままだったのだが、島根県江の川の専業漁師である天野勝則さんにお会いする機会があり、このことを聞いてみた。

天野さんも婚姻色は一日の中で変わるというご意見であった。一日中アユを見ている漁師さんの話なので私の観察よりははるかに信憑性がある。

婚姻色の出方が一日の中で変化するとすれば、どのような生態的な意味があるのだろうか。そのことも興味深い。

コラム6

真っ黒なアユ

一年中、川に潜っていると、不思議なものを目にすることがある。写真のアユもその一つで、高知県の奈半利川で一一月に見かけた。

産卵期であることと、オスであることを考えると、婚姻色を形成する黒い色素に異常をきたしたように思えた。

産卵期のアユはオスもメスも単独でいることは少ないのだが、このアユは単独であった。その姿は妙にもの悲しく、見ていてせつなくなった。

体全体が真っ黒になったアユ（高知県奈半利川 11 月）

海にたどり着けない仔アユ

秋の気配とともに親アユが群を作って川を下り始める。この親アユの降下行動には、その子ども（仔アユ）が生き残るうえで重要な意味がある。

生まれたばかりの仔アユは体長わずか6ミリ。自分で泳ぐ力はほとんどなく、川の流れに乗って海に出て行く。お腹に卵黄という栄養源を抱えているものの、卵黄はせいぜい四日程度しかもたない。この間に餌（動物プランクトン）の豊富な海へと下らなければ、川の中で餓死することになる。親アユの降下行動は、仔アユが海に到達する時間を短縮するという大切な役目を担っているのである。

しかし、そういったアユたちの努力も水泡に帰すことがある。物部川《ものべがわ》（高知県）の下流部は、仔アユがふ化する秋から冬に渇水になることが多い。そうすると波によって運ばれた砂で河口が埋まってしまう。川の水量が少ないために砂を海に押し返す力がないのである。河口が閉塞してしまうと仔アユは海へと出られず、川の中で死んでしまう。

物部川の渇水の原因は雨が少ないというだけではなく、田んぼを作っていない冬場でも大量の水を取水するために起きている。いわば「人為的な渇水」である。

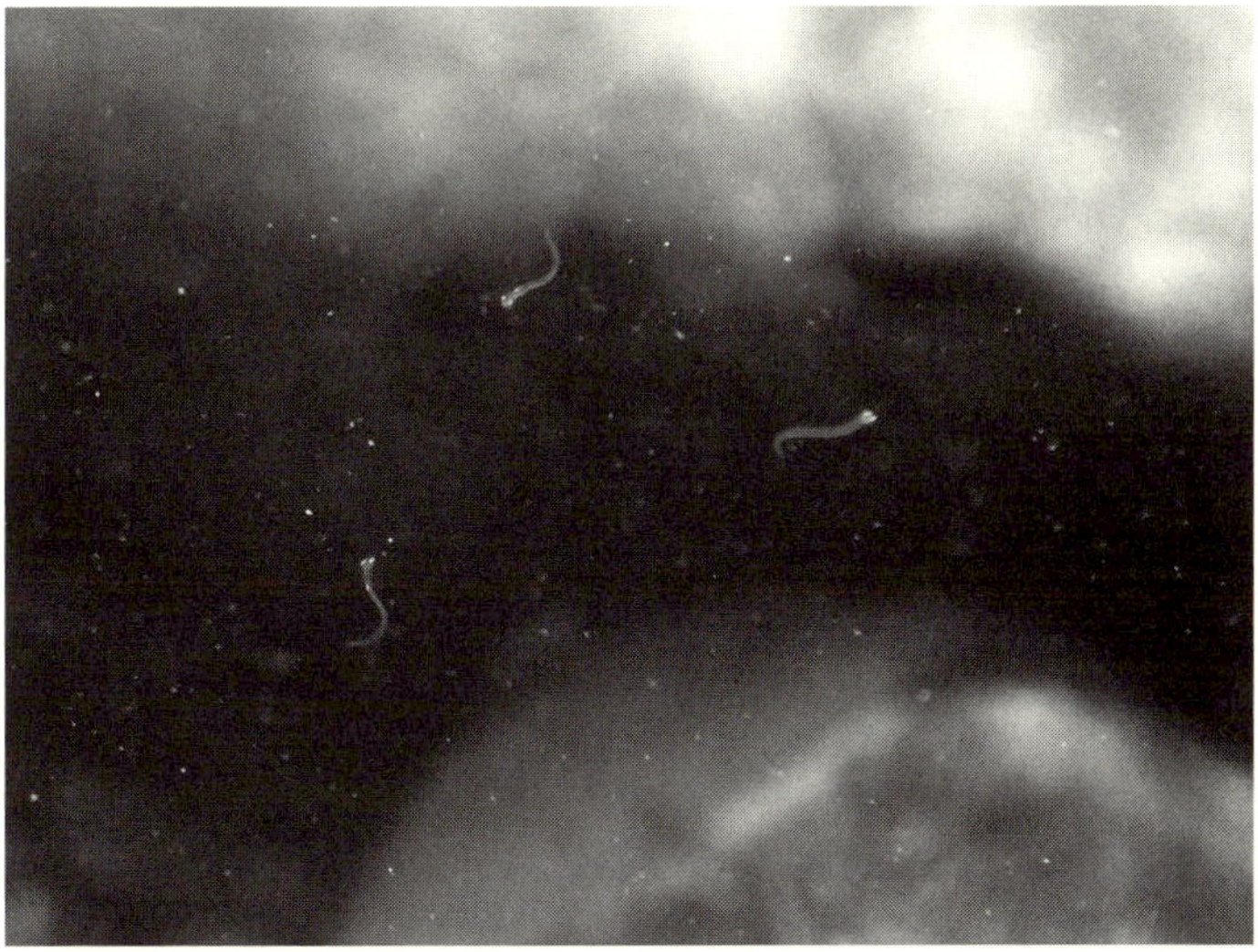

●生まれたばかりの仔アユ。全長６ミリ、お腹に卵黄を抱えている（高知県物部川）

仔アユが海に出られなくなることは、産卵場の下流に堰がある場合にも起きる。堰によって流れがなくなるため、仔アユがそこで足止めされてしまう。下流部に作られた取水堰や河口堰（潮止め堰）は、時としてアユに大きなダメージを与えてしまうのである。

仔アユの海への流下は人の目に触れることがないため、こういった被害は認識されにくい。残念なことに、このことが改善につながらない一因となっている。

人間が川の水を利用するために、海にたどり着くことさえできないアユの子がたくさんいる。申し訳ないのはそのことを我々が知らないということである。

感動の「なれ鮨」

アユの食べ方は本当に種類が多くて、ちょっと思い浮かべただけでも塩焼き、背ごし、煮びたし、うるか、鮎めし等々、二〇種類ぐらいにはなる。

その中で前まえから食べたいと思っていて、かなわなかったのが「なれ鮨」である。鮨といっても、すし飯に鮎がのっている「姿ずし」ではなく、米と一緒に乳酸発酵させたもの。そう、フナ鮨の仲間である。

文献によると、かつては西日本の広い範囲で作られていたが、今は山陰や和歌山など一部の地域にしか残っていないらしい。

二年前の秋、兵庫県の日本海側、香住《かすみ》（香美町《かみちょう》）に行った時に、矢田川《やたがわ》漁協の石垣健三組合長が、なんと自家製のなれ鮨をご馳走してくださった。念願のご対面は前触れもなくやってきたのである。

ただ、どう考えても、日本酒とともにいただくべき味であるのに、事情があって飲むことができなかった。生来のいやしさか、どうしてもお酒を飲みながら食べてみたい。厚かましくも石垣さんにお願いして、ご自宅で漬けているものを送ってもらった。

●鮎のなれ鮨。塩漬けの鮎を米といっしょに漬ける。

まずは薄く切って日本酒と一緒にいただいた。この味はどう表現すればよいのだろう？

最初、やわらかい酸味を感じる。嚙んでいると苦み、辛み、甘み、渋みが顔を出す。それらは口の中でからみあうのだが、日本酒を含むとさっと消えてしまう。「こういうのを玄妙な味と言うのか？」などと悦に入って食べているうちにすっかり酔っぱらってしまった。

一ヶ月くらいかけて少しずついただいたのだが、その間にも発酵が進むのか、味が少し変わってきた。全体にとがったところがなくなり、まったりとした感じになった。これがまたうまかった。

いろいろと感動をいただいたなれ鮨も作る人がしだいに少なくなっている。何とか残したい食文化である。

第一章　アユの一生「冬」

アユの卵は二週間程度（水温15℃前後の場合）でふ化する。ふ化したばかりのアユの大きさはわずか6ミリ。泳ぐ力はほとんど無い。夕方から夜間に集中的に流下（川の水流に運ばれ海へ下ること）し、海へとたどり着く。

海でのアユの主な生活場所は沿岸域（波打ち際に多い）で、動物プランクトンを食べて大きくなる。最近、河口域（汽水域）がアユの子の生息場所として好適なことが分かってきたが、皮肉なことに、すでに多くの川で自然豊かな河口域は開発によって失われていたのである。

天然アユの資源量の多さは、主に海にいる時期の生き残りによって決まる。生き残る割合は数百尾から数千尾に一尾と年や地域による変動が大きい。この原因は餌の量や水温が関係していると言われているが、まだはっきりとは分かっていない。

アユがサケのように母川回帰するかどうかは、よく話題になる。これもまだよく分かっていないが、海での回遊範囲は狭いことから、春になって上った川が自分が生まれた川であったという「偶然的な母川回帰」の確率は高いと考える研究者は多い。

アユの子どもはなぜ海にいる?

小学校に一日先生として呼んでもらうことがある。アユを題材にした授業をするのだが、意外なほどアユのことが知られていないことを実感する機会でもある。

アユは一生のうちに海と川を行き来する「回遊魚」なのだが、アユが子どもの頃に海にいるということを子どもたちだけでなく、お母さん方や時には先生方さえも知らなかったりする。

秋、川の下流でふ化したアユの子は、流れに乗って海に出る。その後、四ヶ月から半年ほど海で暮らしてから川に帰ってくる、というのがアユの前半生である。

なぜ、一生の半分近くを海で過ごすのだろうか? それを考えるヒントは、アユが秋に産卵期を迎えるところにあるように思う。

秋から冬にかけて川は冷たくなるうえに、アユの子どもの餌となる動物プランクトンもいない。そのため、ふ化したアユの子が川で生きることは難しい。想像に過ぎないが、アユが選んだのは、生まれた直後に暖かで餌の豊富な海に下って、そこを成育場とするというやり方だったのだろう。

冬は海で生活し、夏場は川で生活するという、一見節操のないアユの暮らし方というのは、考えてみると相当にうまいやり方である。

●海にいる頃のアユの子ども。プランクトンを食べて成長する（四万十川近くの土佐湾）

見落としてはならないことは、このような巧みな生活史を獲得する過程では、気の遠くなるような時間の経過、相当な犠牲、さらには幸運があったということである。生まれた直後から、海水でも真水でも生きることができるという性質は驚異ですらある。

何年か前、小学二年生にアユの一生を説明した時、「なぜ川と海を行き来するのですか？」という質問が出た。アユという生き物の本質に迫るような問いかけである。アユの子もすごいが、人間の子もすごいと思った。

●冬の間アユの子どもが過ごす海（高知県四万十市の大名鹿海岸）

アユの東高西低を科学する

最近全国的にアユが不漁という話が多い。実際、アユの漁獲量は一九九一年をピークにして減り続けている。そんな傾向の中で、おもしろいことが起きていることに気がついた。アユの漁獲量が減少するスピードはどうやら地域によって違っているようなのだ。

ためしに全国のアユの漁獲データを西日本と東日本に分けてみた。関西から西の府県が西日本で、その他は東日本である。絶対量はどちらも減少しているのだが、東日本ではその傾向が緩いようである。

この傾向を確認するために、各年の全国の漁獲量を１００％とし、西日本と東日本のパーセンテージを計算してみた。つまりシェア争いを調べてみたのである。そうすると、次のページの図のように一九八〇年頃は60％近くを占めていた西日本は、徐々にシェアを落としており、近年では完全に逆転してしまったのである。

確かに、釣り雑誌を見ていても、一九九〇年代では東北地方の川を紹介した記事は少なかったのであるが、最近は栃木県から茨城県を流域とする那珂川《なかがわ》や山形の最上川《もがみがわ》水系、秋田の米代川《よねしろがわ》など、東日本の河川の記事が多くなっている。

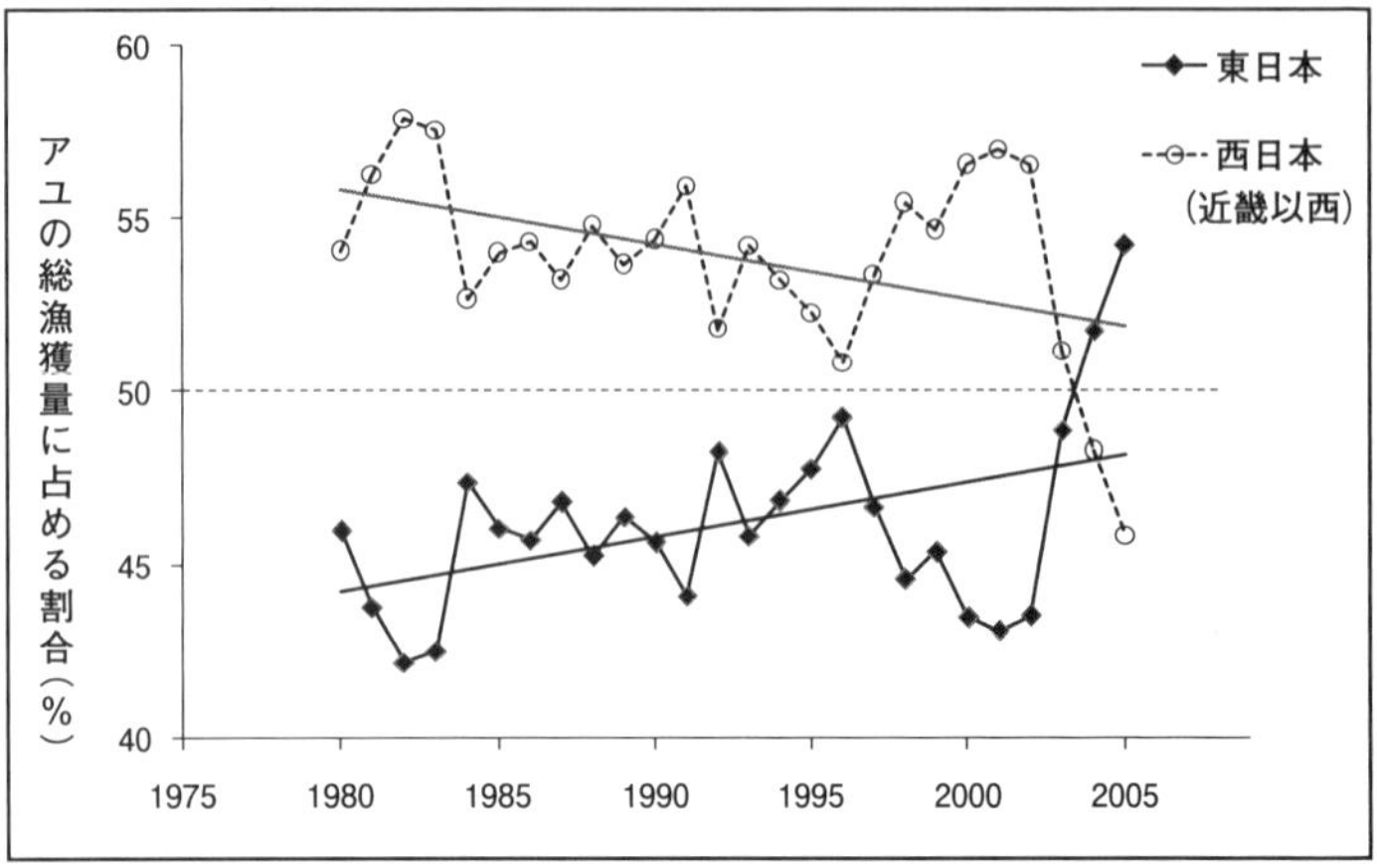

●80年代以降、アユの相対漁獲量は西日本で減り、東日本で増えている。

遡上量が東高西低に？

この原因を特定するのは難しい。川の状況——例えば水質の悪化やダムの建設——は西日本だけで悪くなったとは考えにくいし、放流事業が西日本でうまくいっていないという事実もないようだ。

東日本で釣り人が増えているということはあるかもしれないが、それが事実だとすると、その理由はおそらく「アユが多いから」であり、釣り人の増加は原因ではなくて結果とみるべきであろう。

アユの大量死を起こす冷水病の被害は東北では小さいようであるが、こういったことだけで、シェアが逆転するほどの差が出るだろうか？　そもそも、西日本の凋落傾向は冷水病が発生する以前から始まっているのだ。

このように原因を一つひとつつぶしていくと最後

に残るのは、天然遡上量の変化である。残念なことにこれを分析できるような統計資料は存在しない。しかし、野中忠さん（東京海洋大学名誉教授）の分析によると、日本の90％近くの河川では漁獲量に占める天然魚の割合が高く、天然遡上に依存していることが分かる。だとすれば、そこに理由を求めるのは当然といえば当然のことである。また、思い当たる節もあるのである。

アユの漁獲量の変化を細かくみてみると、西日本の中には高知県のようにこの三〇年間で一〇分の一まで減らしているところがある。それに対して、東日本の中には茨城県のように緩やかに増えているところもある。相対的に暖かい西日本でアユが減り、寒い東日本ではあまり減っていない。ひょっとしたら、この現象は近年の温暖化と関係があるのかもしれない。

アユの祖先は北の方に住むキュウリウオの仲間だと考えられている。そうすると、アユの産地が温暖化の影響で北にシフトするというのは納得できる現象と言えないだろうか。実は、それを示唆するようなデータもある。

早生まれが帰ってこない⁉

私が住んでいる高知では、早生まれのアユが翌年の春になってもほとんど帰ってこない（遡上しない）という現象がここ数年続いている。

どういうことかというと、秋にふ化したアユの子を調べてみると、数が多いのは一一月生まれなのに、翌年の春、川に遡上してきたアユの誕生日を調べてみると、一二月生まれが大半で、一一月以前にふ化した「早生まれ」のアユは少ない（年によってはほとんどいない）のである。

なぜ、こんなことが起きるのか？　残念ながら、はっきりしたことはまだ分からない。しかし、私は近年の海水温の上昇が早生まれのアユの死亡率を高めているのではないかと考えている。

というのも、土佐湾周辺の秋（アユの産卵期）の海水温は、一九八〇年代以降上昇を続けており、特に九四年頃からその傾向がはっきりしてきた。海や河口域で採集したアユの子どものふ化日を調べていると、ちょうどこの頃から、ふ化のピーク時期に遅れ——早生まれの選択的な死亡によって起きると推定される——が出始めたのである。

では、海水温が上がるとなぜアユの子が死にやすいのだろうか？　二つのことが考えられる。

一つは、アユの子どもの塩分（海水）耐性の問題で、実験によると水温が高くなるほど耐性は低下する。特に20℃以上では急激に弱くなる。つまり海に下りた時、水温が高いと塩分に対する抵抗力が弱くなって死ぬ可能性が高いのである。

もう一つの理由は、代謝スピードの問題で、変温動物であるアユは、水温が高くなれば代謝スピードもあがる。それを補うためには、より多くの餌（動物プランクトン）が必要となるのだが、う

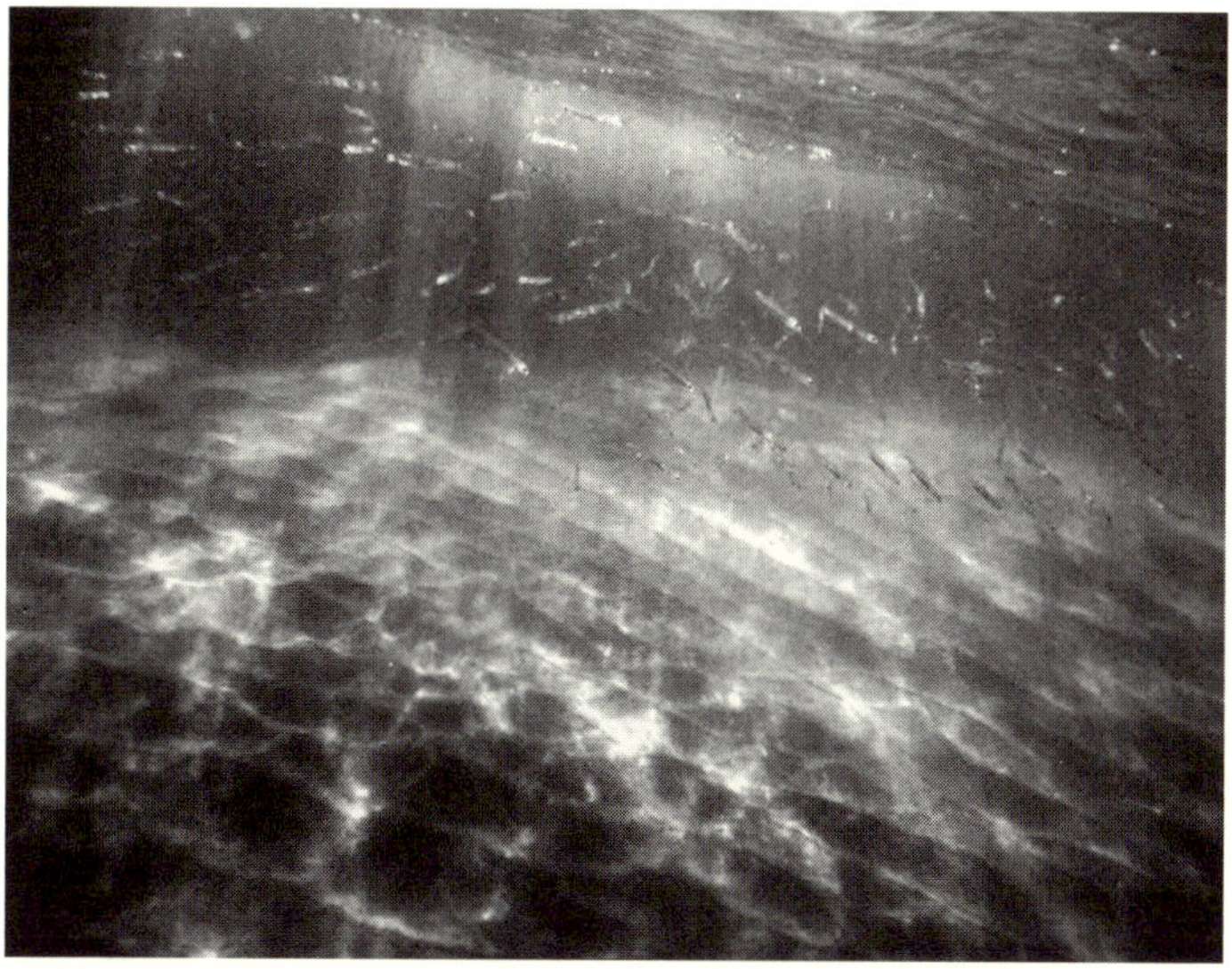

●海で生活するアユの子ども。高水温には弱い（高知県土佐市龍の浜）

まく餌に巡り会うことができなければ飢餓に陥ってしまう。

こういった理由から、早生まれのアユというのは、もともと「死にやすい運命」にあるということは言えるかもしれない。

いずれにしても、早生まれが減耗してしまうのは、アユ資源を保全する上で非常に厳しい状況と言わざるを得ない。最近でこそ、高知の川では一二月にふ化のピークが見られることが増えてきたものの、依然としてピークが一一月になることがふつうなのである。そして、数的に多い一一月生まれが帰ってこないとなると、資源が減少するのは当然のことなのである。

●温暖な高知では、海での生活期間が短いため、遡上するアユのサイズも1～2グラムと小さい。(高知県物部川)

対策はないのだろうか？

海水温の上昇（温暖化）が主な原因であるという考え方が正しければ、資源の減少を食い止めるのはかなり難しい作業になる。

ただ、アユがこのまま黙って死んでいくとも思えないのである。おそらく、「産卵期の遅れ」「海で生活する時間の短縮」といったやり方で、温暖化に対応すると予想される。ちなみに、こういったやり方は、より温暖な琉球列島に生息するリュウキュウアユ（アユの亜種）の生き残り戦略でもある。

問題は、私たち人間がこういったアユの努力を理解し、サポートできるかということである。様々な形で漁獲規制をかけなければ、今後天然のアユ資源を維持するのは難しくなる。

漁協との勉強会などで、現在アユに起きている現象を説明すると、確かに多くの方が理解を示してくれる。しかし、産卵期を中心に漁獲規制を強化しなければならないという話をすると、「どうせ子が帰ってこないなら、獲ったらいいじゃないか」という意見が出るのも、残念ながら事実である。そして、そういった意見が出る川では保護対策はなかなか進まない。

アユの不漁の原因を分析する際、どうしても川のこと——ダム、水質の悪化、カワウの食害等々

――にとらわれてしまう。そのことはある面しかたないし、大切なことでもある。しかし、広いエリアで何が起きているのかを把握して、対応策を考えることもこれからの時代には欠かせないことになる。そして、目先の利益（釣果）にとらわれない冷静な判断をすることが私たちに求められているように思えるのである。

越年《おつねん》アユ

アユは普通、一年でその寿命を閉じてしまうが、まれに川の中で冬を越して二年生きるアユがいる。ほとんどはメスで、なにやら人の寿命と似ている。やはりアユでも女性がしぶとい。いや、たくましいのである。

アユが一年しか生きられないのは、産卵の時に体のほとんどの栄養を生殖に回して、命を次世代にバトンタッチしてしまうためである。産卵で体力を消耗した体では、厳しい冬を越すことが難しいために選んだやり方と考えられている。だとすると、近年の温暖化は越冬する厳しさを和らげ、越年アユを増やす方向に働くのではないだろうか？

しかし、実際はそうなっていない。少なくとも私が住んでいる高知では越年アユを見る機会はむしろ少なくなってきた。

一五年ほど前までは、三月頃に川に潜ると、時には数千匹もの越年アユの群れを見ることもあった。しかし、そういった機会は年々少なくなり、ここ五年ぐらいは見かけることがほとんどなくなったのである。

原因として思い当たるのは、伏流水が少なくなったことである。例えば四万十川では、冬の朝にはよく川霧が見られた。これは暖かい伏流水が冷えた空気と接触してできる霧で、年配の川漁師は、四万十川で一番の変化は伏流水が少なくなり、それとともに川霧が少なくなったことだという。川に潜ってみても、かつてはいたる所から透明感のある伏流水が湧き出ていたが、最近ではその量が本当に少なくなってきた。

伏流水が少なくなった原因は、伏流水の生産工場となる砂利の隙間が大量の砂や泥で目詰まりしたことにあるようだ。

こういった伏流水は年間を通しての温度変化が緩やかなので、川の生き物にとって大切で、冬はヒーターの、夏はクーラーの役目をしている。エアコンを取り上げられた川の生き物たちはさぞや暮らしにくいことだろうと思うのである。

●産卵末期まで残ったアユの群れ（12 月中旬、高知県安田川）。伏流水の湧き出る場所で休んでいる。

第2章　変わりゆく川

川が荒廃したと言われる。コンクリートの護岸、直線化した河道、淵が無くなり平坦化した河床、水質の悪化、意味不明の構造物……。

しかし、川の変化はそれだけでなく、あまり目にする機会のない水中でも確実に起きている。川虫の異常繁殖、部分的に魚が消える現象……。これらは、私たちがあまりにも川をいじりすぎたことに対する水中の生き物たちからの警告と理解すべきではないだろうか。

筆者は、アユの調査・研究を通じて多くの河川に潜って観察を続けてきた。この章では、これまで見てきた川の変化を、陸上からだけでなく、水中からもレポートする。

アユが干上がる

何年か前の四月のこと。知り合いから「アユが河原で干上がって死んだのだが、こんなことはよくあることなのか？」という問い合わせがあった。

それほど頻繁に起きることではないが、年に一、二度はそういった事故を目にする。実はその問い合わせの数日前にも近くの川で数千尾の稚アユが干上がっているのを見ていた。その話をすると「アユってそんなにトロい魚だっけ？」とのこと。

そう言われるとそんな気がしないでもないが、「干出死」が起きるのは、ほとんどの場合、人が川の水位を操作すること――取水堰での急な水門閉鎖や水力発電所での放水量の急減――で起きている。

水力発電の特徴は発電量を自由にコントロールできる点にあり、電気の必要な時間帯は大量の水を使って発電する。当然、その時間帯には川の水が増えるため流れは速くなる。体力のない稚アユは速い流れを嫌って浅瀬に寄ってしまう。電気の使用量が減る時間帯になると発電放水を絞るために、川の水位は短時間のうちに低下する。

自然状態ではそんな急激な水位の低下は起きないためか、アユは意外なほど対応できないことが

●急激な水位の低下のために「干出死」した稚アユ。

ある。河原の窪みに取り残されてしまうと、やがて水が無くなり死んでしまう。

こんな悲惨な死に方をするのは何もアユだけではなくて、いろんな種類の魚が犠牲になっている。先日は北陸の川で取水堰《せき》の水門の下で大きな魚が一〇尾近くも干上がりかけているのを見かけた。近くまで行ってみると、60センチもあるサクラマスであった。何とか助け出すことができたものの、こんな大きな（つまり泳ぐ力が強い）魚でも取り残されることがあるのかといささか驚いた。

私たちの利便性の陰には、多くの命があっけなく失われているという現実もある。

生き物からの危険信号

日本の河川は高度成長期に水質汚濁が進んだが、最近では多くの川で水質の改善が進んでいる。下水道や集落排水処理施設が普及したことが大きい。

ところがここ数年、川の水はきれいになったはずなのに、アユがいなくなったという苦情を耳にすることが多くなった。処理された排水が河川に流れ込む付近で起きているので、排水の悪影響を心配する声が多い。

相談を受けて、調査に出向くと、確かに排水の下流側でアユがいないというケースがある。

近畿地方のある河川では、県が下水道を整備した後、排水口の下流側でアユが取れなくなった。漁協は県を相手に裁判を起こした。私も現地を見せていただいたのだが、排水が流入する地点を境に、その上流側はアユが見えるのに、下流側は数キロにもわたってほとんどいなくなっていた。排水の影響を示唆する状況があまりにもはっきりと出ていることに、正直なところ驚かされた。裁判で証言を求められ、調査データをもとに説明したが、漁協側が敗訴した。

判決文に目を通すと、「処理水は法律上の規制基準を満たして適法に処理されており、処理水によって水質が汚染された事実は認められない」というのが漁協側敗訴の主な理由であった。

●下水処理場の排水口。排水はきれいに見えるのだが、環境悪化が進んでいることを暗示している現象も見られる。

判決文を読み終えて、複雑な気持ちになった。処理水は人間が定めた「環境に悪影響を与えない」」排水基準によって合法的に処理されている。ところが、「無害」なはずの排水をアユが忌避している可能性が極めて高いという現実がある。

処理水が排水される周辺からアユが姿を消した事実は、私たちが理解できていないところで、環境の悪化が進んでいることを暗示しているのではないのだろうか？　生き物たちが知らせてくれた「危険」というメッセージにきちんと向き合えなかったことが悔やまれる。

コラム7

水中カメラ

川に潜る時はいつも水中カメラを携行している。水中の状況をメモ代わりに撮影するためである。

写真を見た方に「どんなカメラを使っているのですか」と聞かれることが多い。

意外に思われるようだが、普通のコンパクトデジカメをポリカーボネート性のハウジング（防水ケース）に入れて使っている。理由は安いのと機動性が高いためで、瀬を潜る時に邪魔になる外付けのストロボも基本的には使わない。

以前は一眼レフを金属製の丈夫なハウジングに入れて使っていたが、重い（首に掛けるような使い方ができない）のと、図体がでかいため浅い場所できわめて使いにくいということがあって、最近は全く使わなくなってしまった。

画質はやはり一眼レフに軍配が上がるが、最近はコンパクトデジカメもずいぶん良くなっている。私のような使用目的だと、特に不満のない画質なのである。ちなみに本書の水中写真もすべてコンパクトデジカメで撮影したものである。

ただ、問題はまだ技術的な改良が頻繁で、次々とカメラを買い替えたくなる（メーカーの思うつぼ？）ことである。

アユのような被写体をうまく水中で撮影するための要件は、まず、水のきれいな川を選ぶこと。できれば5メートル以上の透明度のある川を選びたい。また、同じ川でも水温の低い朝は昼間よりは透明度が良い。透明度によって写真のクリアさが違う

愛用の水中カメラ

のは言うまでもないが、それとは別に水がきれいなほどアユは逃げないというメリットもある。

また、アユでも個性があり、臆病なものとそうでないものとがいる。臆病でないアユが撮りやすいのは言うまでもない。

被写体となるアユに目星を付けたら、できるだけ静かに近づく。急なアクションは禁物。最初は取りたい距離よりも少し離れた位置で撮影するのがコツで、相手のアユが撮影されることに馴れてくると、もう少し近づいても逃げられることはなくなる。

川虫に見る生態バランスの崩れ

ここ数年、川に潜っていて川虫（水生昆虫）が異常に増えているのを見かけるようになってきた。

左ページの写真は奈良の吉野川で撮ったもので、石の表面を覆っている砂粒状のものが川虫である。写っているのは川底のごく一部で、こういった状態が数百メートルもある瀬のほぼ一面に広がっていることもあった。このような状態になるとアユは餌が食べられず、その場所を放棄する。当然のことながら釣れなくなってしまう。

理由としてまず考えられるのは、大水による川底の攪乱が起きにくくなっていることである。こういったことはダムのある川で起きやすい。ダムは洪水を制御する機能があるので、下流の川底がかき混ぜられることが少なくなる。結果として、川虫たちが流されにくくなり、異常なほど増えるチャンスが生まれるようである。

ところが、観察を続けるうちにこの理由だけでは説明できない事例がかなり多いこと、そしてそれらに共通点があることが分かってきた。

その共通点というのはウグイとかカワムツといったいわゆる「雑魚」が極端に少ないことであ

●川底の石を覆い尽くした川虫（奈良県吉野川）。雑魚が少なくなって川虫が異常繁殖したケースが増えていると考えられる。

る。これらは川虫を食べるのであるが、そういった天敵が少なくなったことで、川虫たちに爆発的な繁殖のチャンスが訪れたようである。

なぜ雑魚が減ったのかということもおぼろげながら見えてきた。カワウが目に付くようになってきた時期と雑魚が急減した時期が一致している事例が多いのである。つまり、カワウの捕食によって雑魚がいなくなり、そのことが川虫の異常繁殖を助長し、さらにアユの不漁へとつながっているという「風が吹けば桶屋が儲かる」式の連鎖が成り立ちそうなのである。

メカニズムをもう少し精査しなければ

ならないことは言うまでもないが、川のバランスが崩れているということは間違いないように思えるのである。

増加する異常繁殖

最近、各地でシカが異常繁殖し、森林の被害が目立つようになってきた。森林が荒れることで、深刻な環境問題ともなっているようである。川の中でも同じようなことが起きており、例えばカワウの異常繁殖は、大きな漁業被害を出していると言われている。

こういった大型の生き物の異常繁殖は目立つため話題になることが多いが、人の目に付きにくい水中でも密かに異常繁殖が進行している。

島根県の高津川《たかつがわ》は今や日本一の清流と呼ばれ、私も大好きな川である。昨年（二〇〇八年）夏、その高津川に潜っていて、イシマキガイの大量繁殖を見かけた。この小さな巻き貝は本来は汽水域（海水と淡水の混じり合った水域）の住人らしいのだが、時々河川の下流から中流にまで遡上してくる。高津川で見たイシマキガイの集団は汽水域から数キロ上流まで川底の石という石を覆い尽く

●川底を覆うイシマキガイの集団。アユと同様にコケを食べる（島根県高津川）

していた。

　この貝は石に付いた藻類を食べるため、餌をめぐってアユと競合関係にある。といっても、これぐらい貝が多いと勝負にならないようで、アユはほとんどいなくなっていた。漁協にとっては頭の痛い話である。異常繁殖の理由はどうやら貝を流すような出水が無かったためで、水が出れば状態は回復すると考えられたが、この小さな生き物がぞろぞろと川を遡上する姿はちょっと不気味であった。

　もっと小さな生物では、クチビルケイソウの異常繁殖を高知県の安田川《やすだがわ》で二〇〇七年の春に見かけた。最初は正体すら分からなかったのだが、藻類の専門家である内田

●川底を覆った「もやもや」の正体はクチビルケイソウの群落だった（高知県安田川）

朝子さん（豊田市矢作川研究所）に見てもらって判明した。

この原因も春先の出水がなかったことや捕食者であるアユの遡上が極端に少なかったことが考えられた。それにしても、川一面を覆った「もやもや」の正体が、長さ20マイクロメートルほどの藻類の集合体であるとは最初信じがたかった。

こういった生物の異常繁殖は過去にもあったのかもしれないが、最近頻発するようになったことは間違いないように思われる。シカやカワウのように実害が出始めるのも近いような気がする。

川で見かける変なもの

仕事で川に潜ったり、歩いたりしていると、理解しがたい「変なもの」に遭遇することがある。そんな話をいくつか。

まずは次のページの上の写真の階段をご覧いただきたい。この階段は奈良県の吉野川の河川公園で見かけたもので、どう見ても水辺に下りるために作られたとしか思えない。

この場所は地形上、絶対に早瀬になる場所である。潜ってみると、川底は岩盤で滑りやすかった。川歩きには自信のある私でもちょっと恐怖感を覚えるほどなのである。

水辺に下りてきた人が、もしも足を滑らせてしまうと一挙に下流の淵まで流されてしまう。へたをすると死亡事故につながるかもしれない。そういった危険な場所に水辺へといざなう階段が作られてしまう。何か変である。

自宅の近くの川にも一〇年ほど前に河川公園が作られた。そこにも水辺に下りるための立派な階段（石張りで幅が5メートルもある）が作られている。

その階段の上に立って、川の方を見ると、前にはヨシとヤナギの茂みが広がっている。どうやら作られて以来、この階段から水辺に近づく人はほとんどいないらしい。こういった階段が六つも連

●水辺へと下りる階段。もしも足を滑らせると…（奈良県吉野川）

●水辺にいざなう階段の前にはブッシュが…（高知県物部川）

●魚が絶対に上れない魚道。構造が分かりやすいように通水していない時に写真を撮った（高知県夜須川）

続して作られていて、すべてがこういう状態になっている。地元の人はどうしているかというと、近くにある石積みの護岸から川に下りている。何か変である。

この二つの階段に共通しているのは、設計の段階で人が川をどのように利用しているかということがきちんと考えられていないということで、奈良県の例などは、ひょっとしたら関係者は現場を見ていないのではないかと勘繰りたくなる。

こういった設計のまずさでコストも大きくは跳ね上がっている。そもそも、川に下りるためなら、階段の幅は1メートルあれば十分である。横一列になって川に下りる必要はないのであるから。

●藻でできたオブジェ（高知県物部川）

三つ目は魚道である（前のページ写真）。自宅の近くの川で見かけたのだが、最初は人が堰を上がるための階段かと思った。しかし、よく見ると最上部は水を通す溝ある。魚道なのか？　と半信半疑だったのだが、春になって水が流れていたので、やっと魚道と判断できた。

それにしても、すごい構造である。水は全く溜まらないため、未だかつてこれを上った魚はいないと断言できる。魚を上らせるという機能は切り捨てて「魚道」のように見える構造物を作ることに特化している。こういったものを設計する人もすごいが、それが公的なお金を使って施工されることもすごい。ある意味、超A級の「変なもの」である。

最後は口直しにちょっときれいなものを。湧水のあるワンド（河川内の池のような水域）を潜っていて、ちょうど人ぐらいの大きさのオブジェを見つけた。藻でできているのだが、形が動物的で、今にも動き出しそうでおもしろかった。こういうのを見つけると癒される感じで、ちょっと嬉しくなる。

ほ場整備にみる環境保全の難しさ

環境配慮型ほ場整備の現実

私の住んでいる町内で「田んぼの生き物調査」というのが六年前（二〇〇三年）に行われた。農水省の補助事業で、環境配慮型のほ場整備をするための基礎調査ということだった。

町内の多くの水路は「三面張り」が進んでいて、生き物はもういないんじゃないかと思っていたのだが、昔ながらの水路（次のページの写真上）ではメダカ、ドジョウといった懐かしい顔ぶれに会うことができた。いずれも県内のレッドデータブック記載種であり、これらを守るような工法が

●生き物がたくさんいた改修前の水路（上）は「環境との調和に配慮した事業」で三面張りになってしまった（下）（高知県香南市）

取られると期待していた。

ところが完成後に見に行ってみると、今までと同じような三面張りになっていて、がっかりしてしまった（右ページ写真下）。

なぜ、こんなことになってしまったのか？　調べていくうちにいくつかの理由が見えてきた。

一つは経費の問題で、水路の改修は個人負担金があるため、工法を選択する際の重要なファクターが「工事費の安さ」ということになる。環境保全型の水路にするとどうしても費用が高くなるため、結局安価なコンクリートの三面張りが最有力候補となってしまうのである。

もう一つの理由は、難しい問題を含んでいる。私の住んでいる町内では年に一回、地区の人たち（主に農家）が「田役」という水路の維持管理をしている。私もこの田役には出るようにしているのだが、五〇歳になる私が一番若いぐらいで、半分は七〇歳前後のお年寄りなのである。そのため、年々維持管理が難しくなっている。

三面張りになったくだんの水路は、私の住んでいる地区ではないのだが、状況は似たようなものだろう。維持管理が楽な三面張りにしてくれという要望があったとしても責めることはできない。

このあたりが田舎で環境を考える上で非常に難しい「現実」だと思うのである。

土地改良法の改正により環境との調和が農村整備事業実施の「原則」として位置づけられはした

ものの、今の仕組みの中で農村の環境を保全しようとすると、結局は農家の負担が大きくなる。そして、実質的には環境を保全しなくても制度上はしたことになり（対象事業のごく一部に環境保全型の箇所があればOKなのである）、補助金も受けることができるという現実がある以上、今のままでは実効は上がらないだろう。

調査を終えての正直な感想は、生き物を守る仕組みはまだ存在しないのだということ、そして今後とも絶滅危惧種は増える一方で、手遅れになることが本当に現実味を帯びてきたということである。

どうすれば良いのだろうか？　簡単に答えの見つかる問題ではないが、最近、食物の安全が重視され始めたことは、明るい材料ではないだろうか。

メダカやカエルの棲む田んぼで育てたお米には、「安全」というブランドを付けることができる。このことを農家がもっと意識できる仕組みを作れば、流域の生態系と調和した「環境保全型の農業」の実現も夢ではないし、農家も得をする。そのために生き物のことや水の使い方にさらに注意を払ってもらうことができれば、農村の環境保全も本物への一歩を踏み出すことになる。

利便性の裏に潜むリスク

もう一つ心配なのは、防災上の問題である。三面張りの水路は流出スピードが速いため、本川のピーク水位を高めることになりやすい。下流部にある住宅地は、この一五年ほどの間に二度も床上浸水の被害を受けている。もちろん、雨の降り方が集中豪雨型に近年変化していることが直接的な原因なのだろうが、それだけにピーク水位を高めるような改修は危険だと言える。

以前の水路であれば、一定の流量以上になると周辺の田んぼにあふれ、田んぼが遊水池の役目を果たしてくれていたのである。

このように、一つの分野で利便性を追うことで、社会全体が潜在的に大きなリスクを背負ってしまうようなことが起きている。田んぼから生き物がいなくなることも、ひょっとしたら潜在的なリスクなのかもしれない。

地域（流域あるいは県ぐらいのレベル）での、しっかりとした保全ビジョン――その地域の自然環境はどのような状態に維持されるべきなのか――を住民や行政等、川に関わる全員が共有すべき時期に来ている。

ダムについて考える

ダムとアユのことについて考えてみたい。

かつてアユは「川の虫」とも言われるほど多かった。日本の川が持っている「アユを育む力」はそれほど大きいのである。

しかし、ダムができると、川が分断されたり、水を取られたりで、アユを育む力はいやおうなく落ちてしまう。これはダムを作る以上はどうしようもない。

ところが、ダムのある川での現在のアユの減り方というのは生息場所の減少や水量の減少で説明できる程度ではなく、はるかに少なくなっている。理由は二つあるように思う。

一つは、二次的な環境の悪化が起きたこと。ダムを作って四〇年、五〇年と経つと、いろいろな問題――川底が固くなり、アユが産卵できないといったこと――が出やすくなる。

もう一つは、ダム以外の要因である。ある川でアユが上流に上らなくなった。地元ではダムから出る「悪水」をアユが嫌うことが原因とされていた。しかし、それは思い違いで、もともと構造の悪い魚道が壊れてしまい、上れなくなっていた。

本当に残念なことなのだが、ダムのある川で地元の方にお話を聞いていると、こういったダム以

●アユの生息を制限してしまうダム（高知県吉野川にある早明浦ダム）。しかしアユの生息を阻むものはダムに限らない。冷静な分析が必要である。

外の要因もすべてダムのせいだと言われることがある。ダムのために失ったものの大きさを思うと、ダムのせいにしたい気持ちは分かるが、ダムのせいでないものをダムのせいにしていると、取り戻せるものも取り戻せなくなってしまう。

遅ればせながら、国や電力会社はダムの環境対策にかなり力を入れ始めた。アユのためにダムの水を使うことで実際にアユが増え始めた川もある。

ダムが川やアユに良くないことは間違いないのだが、すでにできているダムをいきなり撤去というのも無理がある。しばらくはそのはざまで最良の方法をみんなで考えるべきではないだろうか。

桜の咲かない春

私が友釣りを覚えたのは、山あいを縫うようにして流れる小さな川であった。水はきれいでアユの味も格別。解禁日にはたくさんの釣り人が訪れ、静かな山村の集落がちょっとしたお祭り騒ぎとなっていた。

ところが、昨年訪れた時には、解禁直後だというのに釣り人は一人しかいなかった。畑仕事をしていたおばあさんに「今年の解禁はどうでしたか?」と聞くと、「二人しか来なかった」とのこと。変わり果てた解禁風景に言葉もなかった。

「昔は釣り人が多かったですよね」と話の継ぎ穂を向けてみた。おばあさんが懐かしそうに話してくれたのは、少し前まで続いていたその集落の解禁の風景だった。

その集落ではアユ漁の解禁日にはみんなが集まって、取れたてのアユを塩焼きや鮨にして、宴会をする。街へと出た人たちも家族連れで帰ってきて、楽しい一日になると話してくれた。川沿いの地域ではこんなふうにアユが人々の暮らしとつながっていて、解禁日はまさに「はれ」の日だった。

高知の山村で繰り返されてきたこうした営みが、今崩れかけようとしている。春になっても上っ

●アユと人の距離が近く感じられた奈良県の天ノ川。良い川である。

て来るアユは少ない。過疎の村へのささやかな恵みさえも失われつつある。「川のある暮らし」を続けてきた人たちにとって、アユのいない解禁日は「桜の咲かない春」のようなものかもしれない。

お金ではなかなか評価できないものの中には、私たちが失ってはならないものが少なくはない。きれいな川を毎日眺める幸せ。季節ごとに自然の恵みをいただく幸せ。ささやかかもしれないが、都会では味わえないものが地方にはある。そんな地方の幸せも次の世代へときちんと引き継ぎたい。

好きな川

一年中いろんな川に潜っているせいか、「一番好きな川はどこですか」とよく聞かれる。

この質問に答えるのは難しい。というのは、川のある特定の場所やある区間が好きなケースが多くて、川全体を見て好きというのは案外少ないからである。

例えば、岐阜県の馬瀬川《まぜがわ》は本当にきれいなうえに人に大切にされている感じがして、私は大好きなのだが、水系全体としての木曽川《きそがわ》にはそれほどの感じはないのである。こういうふうに「一番好きな川」を選ぶのは案外難しい。

そこで、選定基準を設けて選べばどうだろうか。いくらかは客観的な判断ができるかもしれない。

川を好きになる要素は人によって違うと思うが、私の場合は、①4メートルぐらい先の魚の種類が分かる透明度が確保されていること、②天然のアユが多いこと、③川の景色がきれいなこと、といった三つの要素だろう。

ちょっとマニアックと思われるかもしれないが、この三つの要素というのは、少し前までは日本の川に当たり前にあったものである。

しかし、この三つの要素が揃った川は本当に少なくなってしまった。ここ一〇年ぐらいの間に私が訪れた川で、この条件を何とか満たしていたのは、青森県赤石川《あかいしがわ》、和歌山県古座川《こざがわ》・日置川《ひきがわ》、徳島県海部川《かいふがわ》、そして島根県の高津川くらいである（他にもあると思うが、あくまで私が潜った川ということでお許しいただきたい）。

その中であえて一番を選ぶとすると、高津川だろうか。

高津川は中国山地に源を持ち、益田市から日本海に注ぐ。流程は90キロほどの日本では中くらい

●美しい景色の中で天然のアユを釣りたい（島根県高津川）

の大きさの河川であるが、その姿は「清流」と呼ぶにふさわしい。

初めて訪れたのは二〇〇五年の五月で、そのきれいさにちょっと驚いた。二度目は翌年の八月で、この時は潜る道具だけでなく、鮎竿も準備しての再訪であった。昼前からの竿出しだったので、良さそうな場所は空いていなかったが、国道の橋の下のチャラ瀬に入るスペースを見つけた。「とりあえず……」という程度の気持ちだったのだが、それからの五時間は歓喜と恍惚と少しの悔しさが連続する至福の時であった。

アユがいると思うポイントからは必ずといっていいほど当たりがあり、強烈に竿を絞り込む。タモに収まるのは鼻のツンとした美形の天然アユであった。

私が友釣りを始めた頃は、今のように釣りが難しくはなかった。ドカンと音がするような強烈な当たりがあって、目印が吹っ飛んでしまったものだが、そういった友釣り本来の楽しさは、最近ではなかなか味わえなくなってしまっていた。そんな楽しさを思い出すためだけにでも行く価値のある川である。

この川の漁協では、組合員が捕ったアユやカニを集荷し、販売している。そしてその収入で組合経営のかなりの部分が成り立っている。最近、こういった「本業」で食っている漁協は珍しくなった。末永く頑張ってほしいと思う。

この流域では「川のある暮らし」ができているように見えて、少しうらやましくもあるのだ。この川を好きになった理由は、こんなところにもあるのかもしれない。

それにしても寂しく思うのは、どこに行っても川の景色が似てきたことである。河川敷や護岸が整備されて、確かに便利で安全になったのだろうが、あまり好きにはなれない。もうそろそろ、地域の風土や暮らしを反映した河川の整備があってもいいのではないだろうか。

コラム8

消えゆく伝統漁法

アユの漁法は本当に種類が多い。

代表的なものは友釣り（オトリアユを攻撃する野アユを掛け針に引っかける釣り）だが、いわゆる「釣り」だけでも毛針つり、エサ釣り（シラスをエサに釣る）、掛け釣りなどがあり、さらに毛針つりはドブ釣り、流し釣り、チンチン釣り等に、掛け釣りはコロガシ、しゃくり掛け等に細分される。

釣り以外で盛んなものは網漁で、これもと網、投げ網、刺し網（建網）、すくい網（たも網でアユをすくう）などに分類され、さらに火振り漁のように夜間に灯火でアユを脅して刺し網に追い込むといった複合的な網漁も多数存在する。

透明度のよい川でないとできないしゃくり掛け（高知県鏡川）

このほか、もりでアユを突く金突き漁は禁止河川が多いものの、今も行われている。鵜飼い漁や簗漁は観光としての要素を強め、現在に引き継がれている。

信じがたい話かもしれないが、四万十川《しまんとがわ》（高知県）では昭和の初め頃までアユの地曳き網が行われていた。一網で200キロも取れることがあったようで、豊漁の年は街中にアユがあふれかえっていたという。いったいどれぐらいのアユがいたのか想像もできないような話である。

高知県の鏡川や安田川等では、今もしゃくり掛け（ぽん掛け、玉ジャクリなどとも呼ばれる）という漁法が残っている。

この漁は、2メートルくらいの竿を使い、アユを箱眼鏡で見ながら錨針に引っかけるというもの。アユを実際に見ながら掛けるというところにこの釣りのおもしろさがあるらしく、未だに根強い人気がある。

しかし、この漁もだんだん難しくなってきている。この漁の生命線は「魚を見る」ということなのだが、清流の多い高知の川でも透明度が悪くなり、漁そのものが成立しなくなってきたのである。

このように伝統漁法の多くは、河川環境の悪化、アユの減少に伴い消えつつある。残念なことである。

第3章　アユと漁協

全国的にアユの不漁が続いている。釣れないことで遊漁者も大幅に減っており、漁協の経営も厳しさを増している。

不漁の原因は、冷水病、カワウの異常繁殖、河川の荒廃等々、多岐にわたるといわれている。その一方、アユを増やすための対策は簡便な種苗放流に偏り、本来の増殖策であるはずの資源管理や漁場の環境保全に対する意識は希薄になってしまったことは否めない。このことこそが今の不漁の根本的な原因ではないのだろうか。

こういった反省に立ち、天然アユを増やすことに積極的に取り組む漁協が増えている。まだ数は少ないものの、実際にアユを増やした川も出てきた。こういった取り組みから見えてきたものは、天然アユを増やすことは単にアユの漁場を作るということではなく、環境の保全、地域の振興にもつながるということである。

本章では、種苗放流に依存した増殖策の危うさについて考えるとともに、天然アユを増やすことに取り組んでいる現場を紹介する。

種苗放流、その効果とリスク

アユが釣れないと、「放流しろ」と言う釣り人は多い。「放流が少ないからアユがいない」という声を聞くこともある。

もっともらしいこの意見は、本当に正しいのだろうか。

私の住んでいる高知では、一九八〇年代以降の二〇年間で放流量は三倍に増えた。ところが、この間に漁獲量は四分の一に減ったのである。栃木県の那珂川《なかがわ》では、放流量は毎年ほぼ一定であるのに、漁獲量は年々大きく変化している。つまり、放流量と漁獲量は密接な関係はないということになる。こういった事例は他の地域から報告されるようになった。

もちろん、ダムの上流のように天然遡上の無いところでは、放流しなければアユは釣れない。天然アユが極端に減った場合も放流に頼らざるを得ない。そして、きちんとした漁場管理によって放流のみで成果を上げている漁協も確かにある（岡山県奥津川漁協は、漁場がダム上流にあり、放流100％の河川であるが、綿密な漁場管理により、解禁日には三桁釣りが出るほどの成果を上げている）。

しかし、アユを増やすことに関しては、種苗放流は決して万能な方法でもないし、先の二つの事

●全国各地の河川で行われているアユの放流。放流には様々なリスクもあるので、万能視することはできない。

例のように、期待するような効果が得られないことも多いのである。

一方で、放流というのは人為的な行為であるだけに、様々なリスクもはらんでいる。端的な例は病気の拡大で、今問題になっているアユの冷水病は、保菌した魚を放流したために全国に蔓延した。現在でも、保菌の確率は高い、場合によっては保菌を知っていて放流するというようなことも行われている。

放流によって病気が蔓延したことで漁獲量が減り、それをまた放流によって補おうというのは、正常なやり方とは思えない。

この他にも遺伝的な攪乱（放流先の地

域の環境特性に合わない形質の導入や遺伝的多様性の低下）など放流のリスクはいろいろとあるのだが、一番の問題は「天然アユを守る」という意識を希薄にしてしまったことではないかと思う。天然アユが減った根本的な理由が顧みられず、「放流をしろ」という声ばかりが大きくなる。これは、少なくとも「健全」な状態とは思えない。

放流しているのに、なぜ釣れない？

放流でアユ漁場を作ることに限界が見えてきたことは前述したとおりなのだが、一九九〇年前後、放流すれば釣れる漁場ができていたことも事実なのである。では、今なぜ昔のようにうまくいかないのだろうか？

まず、最初に思い浮かぶのは、放流した種苗の生残率の低下である。まだ、アユの冷水病が国内の河川で発生していなかった一九九〇年頃、放流したアユの歩留まりは60〜80％と推定されていた。

ところが、冷水病が日本の河川に蔓延して以後は、これが極端に低下しており、場合によっては

10％を切る事例も報告されている。私自身もそういった事例を少なからず観察したことがある。すべての河川でこのように悪いわけではないものの、平均的にみると40％程度まで落ちているのではないだろうか。つまり、生残率はかつての半分ほどにまで低下しているのである。

二つ目の理由は種苗サイズの大型化である。一九九〇年頃の種苗サイズは3〜5グラム程度であったのが、冷水病対策として大型種苗が推奨されたこともあって、近年の放流サイズは10グラム程度になっている。放流種苗は重量で取引されるので、単純に考えると同じ経費で、かつての半分の尾数しか放流できないことになる。

生残率が半分で、放流尾数も半分であるから、この変化だけでも放流効果（費用対効果）はかつての四分の一程度に低下していることになる。漁協に放流経費を増やすような余力はなく、むしろ収入不足からその放流経費もかつての半分近くまで減っているところが少なくないのである。

もう一つ、身も蓋もない話なのだが、もともと放流のみでアユ漁場を維持するというのはかなり難しいことであったのかもしれないのだ。

きちんとした漁場管理を提案したいと思い、漁協の管轄している河川の面積を測量してみて分かってきたことなのだが、漁場面積から必要な放流尾数を計算してみると、ほとんどの河川で実際の放流尾数が必要量を大きく下回るのである。この傾向は規模の大きい川ほど顕著である。つまり、

●放流された人工アユの群れ。近年は放流サイズが大きくなって、尾数が減っている。

入れ物の大きさからいうと千匹必要な釣り場に実際は二、三百匹しか放流されていないというようなことが普通に起きているのである。

この原因の一つは先のような近年の放流サイズの大型化にあるわけだが、それ以前の問題として、漁場面積が広すぎて放流で漁場を形成するのは経済的に絶対に無理と言える河川が多いのである。そういった川で、かつてアユがよく釣れていたのは、まだ天然遡上がそれなりに多かったからで、その恩恵にあずかっていたのにもかかわらず、そのことを過小評価していたのではないだろうか。

実際に高知の河川で解禁日に釣ったアユを調べてみたことがあるのだが、その八割近くが天然のアユであった。当時、漁協の方は「解禁当初は放流物しか釣れない」と言っていたので、全く誤解していたことになる。

いずれにしても、放流だけで漁場を形成するのが難しい川でも、アユの増殖対策＝種苗放流というのでは、不漁になるのは当たり前の話ではないだろうか。

多くの河川で毎年「義務放流量」が定められているが、その数量の算定根拠となっているはずの漁場面積を知っている漁協は皆無に等しい。こういった漁場管理のあいまいさ――これは漁協の責任というよりも水産行政の責任であろう――が、今の不漁の根底にあるというのは言い過ぎであろうか。ちなみに、漁協にはアユを増殖する義務はあるが、放流する義務はない。放流というのは増殖の一手段に過ぎないのである。

「魚が少ないのなら放流すればよい」と言う人は多い。この考え方がいかに多くの問題を抱えているのか、もうそろそろ気がつくべきだろうと思うのである。

天然アユが増えた川

種苗放流に偏った増殖対策に限界を感じて、天然アユを見直す漁協が増えている。そして実際に天然アユを増やしたところも出てきた。たとえば静岡県の天竜川《てんりゅうがわ》、愛知県の矢作川《やはぎがわ》、鳥取県の日《ひ》野川《のがわ》等である。これらの河川に共通しているのは、これまでの「経験重視」の資源管理の方法を改め、科学的な手法を取り入れたことである。

まず、川やアユの現状を調査し、川の抱えている問題点、どうしてアユが減っているのかといったことを明らかにする。そのうえで、現実的な対策を検討し、それを実践している。さらにその効果についても検証し、対策のさらなる改善に結びつけようとしている。

鳥取県の日野川を例に取ると、まず二年間の基礎調査で天然アユが減少した原因を探った。その結果、アユが減少した原因の一つが産卵環境の悪化と分かった。日野川では川に流れ込む砂泥（森林、田畑、工事現場等が発生源と推定された）の量が多く、それによって河床がセメントで固められたようになり、うまく産卵できなくなっていたのである。

そこで産卵のじゃまになっている砂泥を取り除く「産卵場造成」を始めた（128ページ参照）。もちろん、最初はうまくいかないこともあったが、何年か試行錯誤するうちに日野川に適した造成方法も分かってきた。最近は造成した区域以外ではほとんど産卵していないことからも造成の効果は大きいと判断している。

日野川では、魚道の改修など他にもいろんな対策を実行しており、そういった対策を実行して以降、アユの遡上量もコンスタントに増え始めた。

こういった事例は、私たちが自然を理解し、対策を実行に移すことで自然を良い方向＝回復に向けることができるということを教えてくれている。

とはいえ、自然を理解することは簡単なことではなく、いつも正しい対策を立案できるとは限らない。今でこそ言えるが、私が産卵場の造成を始めた頃、造成方法がまずく（その川の特性に合わせて方法をアレンジすることができなかった）、アユに見向きもされないようなものを作ってしま

●鳥取県の日野川では近年天然アユが増えている。それぞれの川に適した方法を見つければ、天然アユを増やすのも難しいことではない。

ったことも少なからずあった。

ただ、こういった対策のまずさも実行して初めて気づくことが多いし、現実的にはこういったことはしばしば起きる。間違いに気づけばすぐに軌道修正する柔軟性と謙虚さを持つことがむしろ重要なことだと思っている。

ダムによる環境悪化に立ち向かう——天竜川漁協

静岡県の天竜川では最近までアユが減少の一途をたどっていた。危機感を持った天竜川漁協（秋山雄司組合長）では、四年前から天然アユを増やす取り組みを始めた。その漁協からの依頼で、調査のお手伝いをさせていただいている。

初めて天竜川を案内していただいた四年前（二〇〇五年）の第一印象は「この川に本当にアユが住めるのだろうか？」というものだった。佐久間ダムをはじめ上流にたくさん建設されたダムの影響で、川はいつも灰色に濁っている。大雨の後は、茶色い濁りが一ヶ月以上も続くこともある。「何とかなりますよ」と言いつつも、内心「これは厳しいな」と思っていたのである。

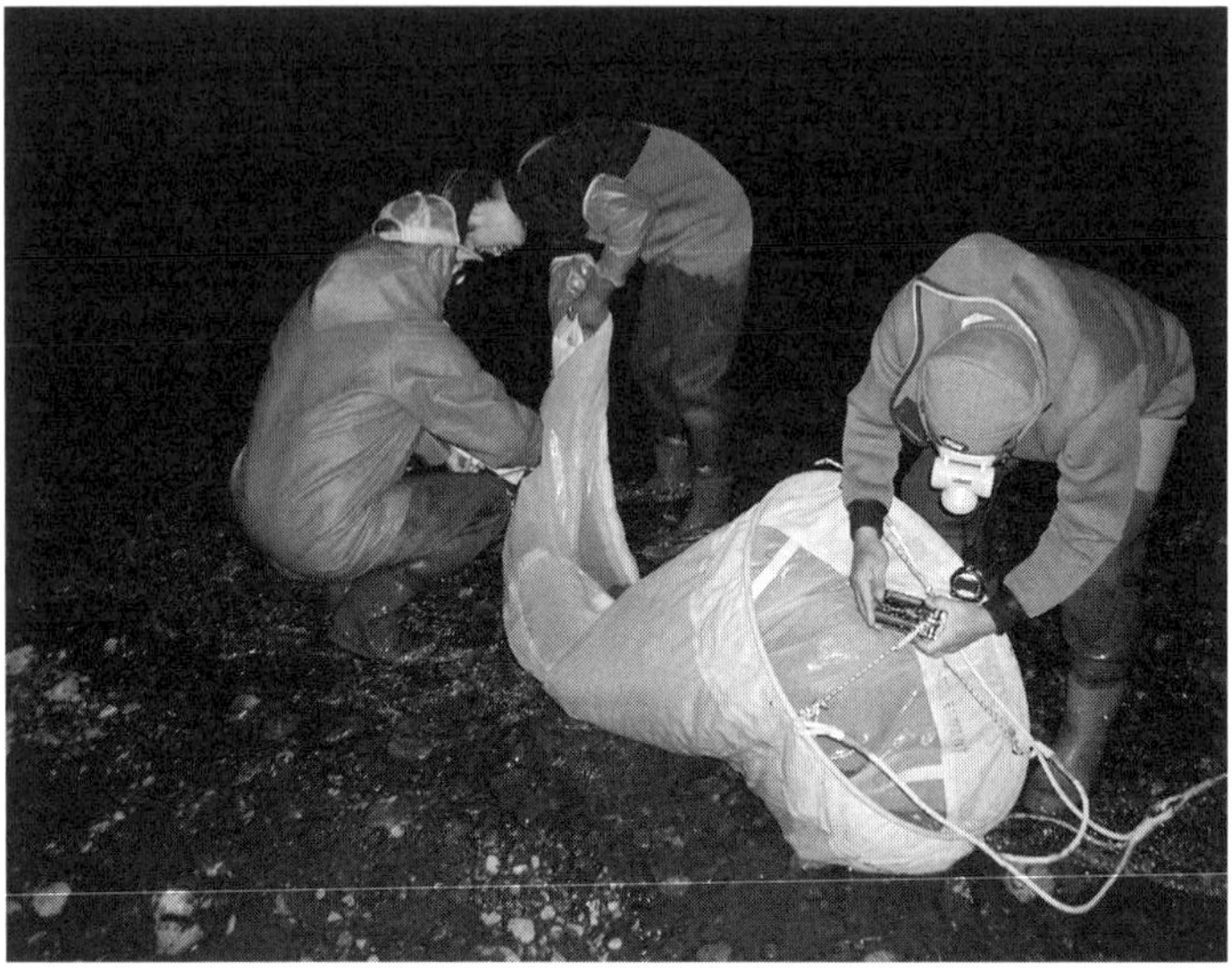

●天竜川漁協では自らがアユの調査を行っている（静岡県天竜川）

ただ、幸いなことに、静岡県水産試験場が長年にわたってアユの調査を行っていた。その資料を見ると、アユが減少した原因は明白であった。ふ化する子の数が年々減っていたのである。

当面の目標はアユの子を増やすこと。漁協では産卵場整備をはじめ、産卵の保護期間と保護区域を拡大して保護に努めた。その効果は、調査データ（漁協自らが行っている）にも表れた。不安定であったアユのふ化量が三年続きで増え、それに呼応するように遡上量も増えている。

今、天竜川ではダムの再編事業が始まろうとしている。目的の一つはダムにたまった土砂を下流に流すこと。ダムの下流では、土砂が流れてこないために、場所によっては2メートル近くも河床が低下している。河口周辺の海岸もやせてきた。

土砂を下流に流すことは川や海にとって大切なことなのだが、同時に川がさらに濁るというリスクも抱えることになる。アユをはじめとする水中の生き物は致命的なダメージを受けるかもしれない。

秋山組合長はこれ以上川が濁ることに強い危機感を抱く一方で、ダムに溜まった土砂という「ツケ」を将来に先送りすることにも疑問を感じている。

自然とどのようにつき合っていくのか？　本当に難しいことが問いかけられている。

環境先進河川——矢作川

矢作川というのは、日本の川の二〇年先を走っているのかもしれないと思うことがある。

今から一五年前（一九九四年）、豊田市、枝下用水土地改良区、矢作川漁協の共同で矢作川研究所が誕生した（現在は豊田市立）。矢作川流域の自然環境と人の暮らしの調和を考えることを目的としている。

そして、その下部組織として「矢作川天然アユ調査会」が結成された。会員は、釣り人、漁協組合員、市民等の「一般の人々」である。この会では「天然アユの復活」をテーマとして、矢作川とそこに住むアユを調べている。発足当時はいわば素人集団だったのだが、矢作川研究所をはじめ、多くの専門家の指導を受けて、今や立派な調査集団に成長した。

この調査会のすごいところは、一〇年以上にわたって、基礎的な調査データ（ふ化したアユの数や遡上量）を取り続けていることである。こういった長い年月にわたるデータは、川や生き物の変化を理解するためにはとても大切なのだが、専門の機関（大学や水産試験場等）でも取っている例は意外に少ない。

こういった調査は矢作川の抱える問題を理解することや天然アユを増やす対策を検討するために活用されているのだが、それ以外にも大きなメリットがある。

それは、地元の人たちが自らの手で調べることで、データが意味するものを実感を持って理解できることである。このことが自分たちの住む矢作川流域の抱える問題をより深く理解することにつながっている。そしてこのことは対策を実行に移す段階でとても重要で、対策の意味がよく理解されているだけに行動にも反映されてくる。環境保全で大切なことは、多くの人が当事者意識を持っ

●矢作川に帰ってきた天然アユ（豊田市の明治用水堰堤魚道：新見克也撮影）。10年以上にわたって調査データを取り続けてきた調査会の努力のたまもの。

て動くことができるかどうかなのである。

矢作川では、最近、天然アユが増えている。

天然アユが増える日野川

鳥取県の西部を流れる日野川は流程が80キロ足らず。日本では中くらいの大きさの河川である。名峰大山の水を集め、美保湾に注いでいる。山と海はすばらしく美しいのだが、その間をつなぐ日野川はそれほどきれいではない。河道は護岸工事が進み、水もちょっと濁っている。

そんな日野川で、ここ数年天然アユが増えている。佐藤英夫組合長を筆頭に漁協の人たちが本気で天然アユを増やす努力をし始めてからである。

秋になると、アユの産卵場を作る。それも「産卵場造成の日」という記念日にして、漁協だけでなく、釣り人や市民、行政にも参加を呼びかけている。実際に川に入って作業をしてもらうことで、川やアユの現状を知ってもらう良い機会ともなっている。産卵保護のための禁漁期も二〇〇八年から大幅に延長されることになった。

●日野川での産卵場造成の様子。毎年80人ほどが集まる。

春に訪れると、川のいたる所にテグスが張ってある。カワウなどからアユを守るためである。おもしろいのは、そのテグスに短冊状のテープをたくさん取り付けてあることで、理由を聞くと、鳥がむやみにテグスにかからないようにとのこと。「テグスがあります。気をつけてください」という鳥たちへのメッセージなのである。

それでも鳥たちは魚を咥えていくのだが、組合長はあまり気にしていない。「鳥も生きていかなければなりませんから」とのこと。確かに、鳥も多いがアユも多い。

組合長自ら、日の出とともに川を見回る。アユの子の様子が気になり、冬の日本海に潜ることもある。「寒いのは全く平気です」と言うが、そんな簡単なことでもなかろうと思う。

日野川水系漁協の事務所には「目指せ！　日本一の天然アユ」という、何とも大げさな横断幕がかかっている。しかし、この漁協のがんばりを見ていると、夢物語ではないような気がしてくるのである。

小さな友釣り大会

昨年（二〇〇八年）八月、久しぶりに鮎釣り大会に参加した。場所は高知県東部を流れる羽根《はね》川《がわ》。流程17キロ、川幅は10メートルにも満たない小河川だが、水は本当にきれいである。

きっかけは、羽根川漁協の大石勝組合長からの電話。「招待選手」という甘い響きにつられて、ついOKしてしまった。

当日、受付を済まして、さて、どこに入ろうかと川を見ながら車を走らせていると、川のあちこちに入川道の案内板が立ててある。初めての川だったので、この配慮はありがたかった。そういえば、受付でも漁協の皆さんのもてなしの気持ちが印象的であった。

●高知県室戸市を流れる羽根川。急激に天然アユが減少しているが、対策を始めた。

大会が終わった後は、参加者全員で釣ったアユを味わう懇親会となった。料理の準備は地元の奥さんらが担当。何ともアットホームな大会である。

アユの塩焼きを食べていると、地元の方から「味はどうか?」と盛んに聞かれる。どうやらこの川のアユの味に相当な自信がある様子。「美味しいですよ」と答えると、本当に嬉しそうであった。

いろんな方と話をして分かったのは、この川が地元の皆さんにとても愛されているということ。子どもの頃から泳いだり、魚釣りをした川を大人になっても大切に思えるというのは、本当に幸せなことである。

ただ、高知県の川の例に漏れず、この羽根川でも急激に天然アユが減っている。漁協で何とかしたいと考えていて、この大会も協力者を増やすことが目的の一つになっている。大石組合長は「孫にアユのたくさんいる川を残したい」という。

大会の後、この川に天然アユを増やす活動をみんなで始めることで意見が一致し、早速、産卵場の整備や魚道の改良が始まった。私のコンサルタント料はこの川の水で育てたお米と野菜、そして釣りの招待券。ちょっと嬉しい報酬である。

ちなみに、この大会での私の成績は、準優勝。さすが招待選手なのである。

放流病

これまで紹介してきたように、天然アユを増やす取り組みを始めた漁協が少しずつ増えている。そして、年によってムラはあるものの、天然アユを増やすことに成功している。

特筆すべきは、先に紹介した河川——天竜川、矢作川、日野川——はいずれも環境がかなり悪化した川であるということ。川が良いから天然アユが復活したというような単純な話ではない。

しかし、川の環境が良くないための新たな課題も見えてきた。天然アユが大量に遡上しても、必ずしも「釣れる」という結果が出ないのである。

例えば、矢作川では二〇〇七年に推定で七百万尾という大量の遡上が見られた。天然アユを増やす取り組みを始めたころ（一〇数年前）の遡上量は数十万尾と言われていたので、「激増」と言えるような増え方である。

それにもかかわらず、二〇〇七年は不漁であった。原因の一つ（おそらく複数の原因があった）は、大量遡上で過密状態となり、アユの成長が抑制されたことである。夏になってもアユはあまり成長しておらず、結局友釣りで釣れるサイズにならなかったようである。

同じことが、二〇〇八年、日野川でも観察された。八月時点での推定密度は、３尾／㎡。この川の適正密度は１・３尾／㎡と推定されているので、明らかに過密状態であった。八月時点でもほとんどのアユが15センチ（30グラム）以下と話にならないような小ささであった。

この二つの川とも環境の悪化――河床に砂と泥が多い、淵が少ない等――でアユの生産性は高くない。増加した天然アユをうまく受け入れることができなかったようである。

遡上量が安定的に増えたことで対策の効果は出たと確信できるのだが、「釣れる＝みんなが効果を理解できる」へと結びついていかないのである。

●矢作川では降下途中でダムの取水路に迷入した親アユを捕まえて、下流の産卵場へ運んでいる。

このように目に見える結果を出せないことで新たな問題も出てきた。例えば日野川では、「他県産の種苗や琵琶湖産の種苗を放流してほしい」という声や「産卵場造成を始めてから、アユが小さくなった。造成は止めた方がよい」という意見が出た。日野川は河床の劣化が厳しく、造成をしないと産卵がうまくできない。産卵環境を良くしたことが最近の遡上量の増加につながっている可能性が高いのだが、釣れるという結果が出ないため、なかなか理解してもらえない。

こういった意見を聞きながら、改めて内水面漁業のひずみを思った。漁業法の「増殖義務」＝「放流義務」という偏った解釈（指導）が広まり、漁協は種苗放流ばかりに力を注いできた。その一方で、川の環境を保全することをほとんどしてこなかったのである（できなかったというのが現実かもしれないが）。その結果、今、多くの河川で天然アユが減り、アユの不漁が続いている。

それにもかかわらず、「釣れなければ放流したらいい」という意見が出る。今、アユには冷水病が蔓延しているが、アユに関わる人には「放流病」が蔓延しているのかもしれない。

二つの公益のはざまで――アユ漁の過去と未来

芝村龍太さんの「川の権利をめぐって」（『環境漁協宣言』矢作川漁業協同組合、二〇〇三年）と、丸山隆さんの「内水面における遊漁の諸問題」（『遊漁問題を問う』恒星社厚生閣、二〇〇五年）をたまたま同じ時期に読む機会があり、アユ漁業のひずみについて考えさせられた。

二つの公益性

ダム建設や河川改修といった公共事業は国民の財産を守る、あるいは生活を豊かにするという公益性がある。しかし、一方でこういった公共事業は河川の生態系のサービス（天然アユ、きれいな水、美しい景色等のいわゆる自然の恵み）という公益を害することが多く、一つの公益がもう一つの公益を妨げるという矛盾が生じている。

内水面漁業において、こういった矛盾を解消する方策となったのが漁業補償金を原資とした「種苗放流」で、琵琶湖の稚アユや人工アユが放流種苗として大量に供給できるようになったことや放流技術が進歩したこともこの方策を推進した。結果として、環境が悪化した河川でもアユ漁場を維持することが可能となったのである。

このやり方は見方を変えると、公共事業の持つ「負の公益性」に対して抜本的な対策（環境の保全）をせずに、河川漁業の維持あるいは回復をねらった妥協策とも言える。

ゆがめられた漁場管理とアユ漁業の衰退

このようなことが背景にあって、河川の開発とともにアユの種苗放流量は年々増加し、漁獲量もそれに比例して順調に増大した。

こういった放流事業の華々しい成功により、漁協関係者や釣り人の間では、種苗放流が万能の増殖策のように考えられるようになっていった。漁協の本来的な業務であるはずの漁場・資源の管理

●いつまでもアユ釣りができる川であってほしい（高知県物部川）

（増殖事業）は放流事業へと単純化され、天然アユの再生産や河川の生産力を活かすための事業は次第に顧みられなくなったようである。

この時期（一九八〇年代）、見落としてはならないことは、アユ漁は栄えたものの、その陰で河川環境の悪化は着実に進行したということである。

順調に増えていたアユの漁獲量が一九九一年をピークに、突然のように減少の一途をたどり始めた。一九九一年以降もしばらくの間は種苗放流量は増大したにもかかわらず、漁獲量は急減していったのである。

原因の一つは琵琶湖のアユ種苗を介して全国の河川に広がった「冷水病」である。

●冷水病にかかったアユ。身体の表面に穴があいたり（上）、体表のただれ（下）が見られる。

種苗放流の抱えるリスク（病気を広める）が一挙に顕在化したとも言える。

この病気のやっかいなところは、アユがストレスを抱えると発症するという点である。ダムをはじめとする人為的な環境悪化（流量減少、濁りの発生、水温の変動等）により、アユがストレスを感じる機会は飛躍的に増えており、冷水病は今も各地の河川で多発している。

このような種苗放流効果の低下を補うことができるのは天然アユであるが、河川の環境が悪化した今、それを急に回復させることは困難な状況にある。ここに来て、河川の環境の悪化に抜本的な対策を取ってこなかったツケが溜まっていたことを冷水病に教えられた形となった。

アユが釣れないことで遊漁者数は急減している（アユ釣りの延べ人口は一九九三年から二〇〇三年の一〇年間で約半分になった）。遊漁者の減少は漁協収入の低下に直結し、放流量の減少、そして、さらなる漁獲量の減少へと「負の連鎖」が始まった。解決策も見いだせないまま、経営が困難な状態にまで追い込まれた漁協も増えている。

確かに、近年の漁獲量の減少に対して漁協側にもいろいろな問題があったことは否定できない。「自業自得」という厳しい声も聞く（漁協の孤立化）。

しかし、前記のように、種苗放流で漁場が維持あるいは新規に形成できるということを前提に、ダム建設をはじめとする公共事業が行われてきた経過を無視するのは公平なやり方とは思えない。現在のアユ漁の衰退は公共事業の持つ「負の公益性」に対して抜本的な対策をせず（漁協の立場ではしたくてもできなかった）にきたことが、そもそもの原因となっているからである。

新たな動きとこれからの漁協の役割

かつてはまともに評価されることのなかった「生態系のサービス（自然の恵み）」の社会的価値が実は非常に大きなものである（144ページ参照）ことが理解されるようになってきた今日、国民の

●美しい水辺（和歌山県古座川）

共有財産とも言える天然アユが河川からいなくなるということを「漁協の問題」として矮小化することは、「公益性」の面からも適当ではない。

漁協の中にも、「補償金はいらないから、環境が悪くなることを回避してくれ」と言うところも出てきた。さらに近年では、一般市民の間でも天然アユを良好な環境のシンボルとして復活させる動きが活発になっている。

漁協だけではなく、市民や行政、企業が協力して「自然の恵み」を回復し、二つの「公益」が共存する道を探るべき時に来ているように思われる。

第4章　自然の恵みを未来へ

高度成長期以降、日本の川は大きく姿を変えてしまった。それと同調するように天然アユも減っている。アユという種が誕生して数百万年経つと言われているが、その長い年月を生きてきたアユがわずかこの40年の間に急激に減っているのである。

今の日本の豊かさは、見方によっては人間以外の生き物（時として人間も）を犠牲にすることで成り立ってきた。今、そのようなやり方に限界を感じ、自然との調和を目指す動きが始まった。

本章では、そういった新しい取り組み――天然アユを復活させる活動――を通して自然と共生する術を考えてみたい。日本固有の財産ともいえる天然アユを子々孫々と引き継いでいくこと、天然アユがたくさん住めるような流域の自然環境を大切にすることは、今に生きる私たちの責務なのであるから。

生態系のサービス——経済評価では見えないもの

二〇〇五年の県民所得を見ると、私の住んでいる高知はなんとビリから二番目。ダントツ一位の東京とは比較するのも嫌になるが、二位や三位の愛知、静岡あたりと比較しても百数十万円の差がついている。

この数字が必ずしも個人の所得水準を表すものではないことは分かっていても、こういうふうにランク付けされると、いささか情けない気分になってしまう。

しかし一方で漠とした違和感も覚えるのである。はたしてこういった評価は暮らしの満足度を表しているのだろうか?

冬になると高知の風土のありがたみをつくづく感じる。例えば、仕事で日本海側に行くと、この季節、晴れ間が少なく気温以上に寒さを感じてしまう。しかし、四国山脈を越えたとたんにまぶしい陽光が出迎えてくれるのである。これは本当にありがたい。

高知にはたくさんの川がある。そのほとんどに天然アユが遡上し、夏にはプール代わりに水遊びができる。そういった自然環境は、人が安全に暮らすことを底辺から支えてくれている。

「生態系のサービス」という言葉が最近注目されている。きれいな空気、美しい自然景観、食材

●きれいな川で遊ぶことで得られる「生態系のサービス」（高知県新荘川）

等々、自然の恵みのことで、その価値は全世界のＧＤＰをはるかにしのぐという試算もある。

であれば、本当の豊かさを測るためには、経済評価だけでなく、こういった生態系のサービスも入れるべきではないか。そうなれば、我が高知は東京よりも上位にランクされるかもしれないのである。

生態系のサービスは経済と違って基本的に「格差」が生じない。それをきちんと維持することで多くの人の生活が支えられるという特性を持っている。心配なのは、こういった評価を急がないと、自然破壊に歯止めがかからず、長い目で見ると国土全体を疲弊させせはしないかということである。

●澄んだ水も生態系のサービスの一つ（高知県奈半利川）

アユを指標種にする理由

講演で「天然アユは生態系を保全するためのシンボルとなる」といったことをお話しさせていただくと、「なぜ、アユなのか？」という質問をいただくことがある。

質問の意図は、アユよりも食物連鎖の上位に位置する魚、例えばウナギを指標種とする方が本道ではないかというもの。確かに「アユは指標種としてふさわしくない」というのは、生物に関わる者として納得できる意見ではある。

アユのように植物を直接食べる一次消費者よりも、ウナギのようなもっと高次の消費者（肉食の動物）を指標種にするということは理論的には正しいとは思う。高次の消費者が増えるということは、それを支える低次の消費者も増えていることになるのだから。

しかし、複雑な生態系を理解することは相当に難しく、高次の消費者を守る方策を立てること自体に無理があると私は考えている。もっと理解しやすい一次消費者（アユ）をテストケースにして「保全」の練習をするというのはどうだろうか。一次消費者が増えることは、それを餌とする高次の消費者にとってもプラスになりそうである。

また、アユが回遊魚であることもアユが生態系を保全するためのシンボルとしてふさわしいと考

●石に付く藻類を食べるアユ（高知県奈半利川）

えられる理由である。アユが一生のうちに海と川を行き来するためには、海から川、たぶんその流域の山々までの自然の循環がきちんと整っていることが要求される。部分的に環境が良いというだけでは不十分なのである。つまりアユが多いということは海、川、山の生態系が全体として保全されていることになる。

もう一点。アユほど経済効果が大きい魚はなかなかいない。値段も高いし（天然なら100グラムが千円もすることがある）、釣り人も多い。岐阜県の長良川《ながらがわ》や馬瀬川《まぜがわ》のように観光資源としてうまく活用している川もある。天然アユを増やすことは地域経済に寄与することにもなるのである。

●アユを観光資源として活用している岐阜県馬瀬川。

単に守るというだけでなく、「利用しながら守る」という現実的な対策が取れることには目を向けてもよいだろう。

ストイックに自然を守るというのも大切だが、守ることで得するという方が私は好きである。

無農薬野菜と天然アユ

日本の食料自給率（カロリーベース）が40％程度という情けないことになってしばらく経った。様子を見ていても事態は改善されそうにもないので、せめて我が家の自給率だけでも上げたいと思い、野菜作りを始めた。ちょっと本気なのである。幸い、家の周りには休耕地になりかけている土地がふんだんにある。

実は農業をする理由は他にもあって、それは川の環境問題なのである。私は最近、川の環境に及ぼす農業の悪影響――川から水を大量に取る、ほ場整備で生き物の生息場を奪ってしまう等々――というのは相当に大きいと考えている。

ただ、犯人捜しのように、農業の非を指摘するだけでは、何の解決にもならない。何か現実的な方策を捜したいという思いがあって、自分でも農業を始めてみた。悲しいかな、体を使わないと脳が機能しないタイプの人間なのである。

6アールほどの畑で、無農薬栽培で四〇品目ほどの野菜と果樹を育てている。野菜作りをやってみると、これがけっこうおもしろい。痩せていた畑に落ち葉や堆肥を鋤き込む。良い土が出来はじめると野菜も見違えるように元気になってきた。努力しただけの結果が野菜に表れるというのが楽

●我が家の家庭菜園。ネコも有機栽培の手伝いに来る（高知県香南市）

しい。

ところが、そんな楽しい時は長くは続かない。

秋から冬にかけて、雑草や害虫が少ない時期はまだいいのだが、夏になるとまさに戦争状態となる。先日も順調に育っていたキュウリが、二日ほど出張の間にウリハムシに襲撃され、ボロボロになってしまった。梅雨に入ってからの雑草の生長は目を見張るものがある。瞬く間に丈を伸ばし、畑を侵略してしまうのである。草刈り機で、対抗するのだが、彼らの増殖スピードにはとてもかなわない。

この雑草と害虫の連合軍との戦争に勝利するために、「化学兵器を使え」という悪魔のささやきが脳裏をかすめる。殺虫剤や除草剤を使えば、簡単に雑草や害虫に勝利できるのである。

正直なところ、農家が殺虫剤や除草剤を使う理由が、実感としてよく分かる。ましてや高齢化して、体力が無くなるとどうしようもないではないか。

雑草と害虫との闘いだけではない。先日は、有機肥料をキュウリの根本に鋤き込んで、肥料やけ（たぶん）で枯らしてしまった。

良かれと思ってやったことが良くない結果を招く。失敗や成功を繰り返しながら少しずつ野菜作りが分かり始めたのだが、考えてみると、こういったプロセスは私の本業でもある「天然アユを増やす」ことに通じている。手軽な除草剤や化学肥料を使うように、稚アユを放流すれば、楽な上に結果もすぐ出た。

しかし、こういったことはどうも長続きしない。放流にのみ頼ってきた川の多くが、今どうしようもないような不振に陥っている。農薬を使って育てた野菜が「安全だ」と言われても、どこか「危ないぞ」という警鐘が聞こえるのである。このことは自分で汗を流してはじめて分かることなのかもしれない。

野菜作りで良い土が出来るまでが大変なように、天然アユを増やすことでもその仕組み——例えば、産卵場を整備する、効率の良い禁漁期を設定する等々――を地道に組み上げることに一番苦労する。しかし、土にしろ、アユを増やす仕組みにしろ、一度できてしまうと、それを維持することはそれほど難しくはない。

化学肥料や放流種苗に頼ることで、大切な「何か」が失われているのかもしれない。その「何か」が何なのか、まだ私にはよく分からないところがある。畑仕事をしながら、そして天然アユを増やす活動を続けながら、時間を掛けて考えてみたいと思っている。

天然アユと農業の連携

高知県の物部川は下流部に広大な農地を抱えていて、農業用水の取水量は多い。渇水期には川の水の90％ほども取水され、本流を流れる水がほとんど無くなってしまう。遡上期（春）に水が無くて、アユが川を上ることができなくなることもある。

それだけではなくて、田植えの時期（三～四月）には毎年のように川が濁る。代かきした泥水が本流に大量に流れ込むためである。アユにとっては踏んだり蹴ったりなのである。

●農業用の取水量が多いためにしばしば渇水にみまわれる物部川。

物部川のように、過大な取水や濁水の問題で、漁業と農業は対立的な構造になりがちである。しかし、けんかしていても何も生まれないわけで、お互いが歩み寄れる方法を模索したいものである。

最近「生き物ブランド米」が注目されている。生き物がたくさんいる田んぼで作ったお米には「安全」という付加価値が生まれる。食の安全が重要視される今、これが一種のブランドになっている。

こういった取り組みを物部川《ものべがわ》でも進めたくて、提案しているのが天然アユによるお米のブランド化。名づけて「物部川清流米」。物部川漁協推薦、天然アユ一〇〇％物部川清流米。実際、物部川では二〇〇四年に稚アユの放流ゼロで、「天然アユ一〇〇％」を達成した実績もある。夢物語ではない。

農業の側では「物部川の清流と天然アユを守っています」というメッセージを出すことで、環境保全型農業の実践をＰＲすることもできる。応援してくれる消費者も少なくないはずだ。

結局のところ、利害が対立する中では、お互いが少しずつ得するような仕組みを作らないと妥協点を見出すことは難しい。農家の方もアユで米のブランド化ができれば、水の使い方や泥水を流すことにも気をつけてくれるかもしれない。そういったことで川やアユを取り巻く環境が少しずつ良くなることを願う。

環境を直す技術

一九九二年、リオデジャネイロでの環境サミット。

当時一二歳の少女だったセヴァン・カリス＝スズキさんが「直し方も分からないものをこれ以上壊すのはもうやめて」と訴えた。「直し方も分からないもの」というのは、地球環境や絶滅しつつある野生動物のこと。

こういった環境問題の解決に向けて、我々は確かに努力をしている。「エコ」という言葉はその象徴と言えるかもしれない。

しかし、エコと言っている私たちの行動は本当に自然環境の悪化に歯止めをかけ、生き物たちの命を救っているのだろうか？

少なくとも川に潜って生き物の様子を見ていると、そんな感覚はまったくない。むしろ生き物の減少に拍車がかかったとすら思えるのである。

このギャップはいったい何なのだろうか？　二つのことを指摘できそうである。

一つは、エコと言われている行動は温暖化防止を目的としていることが多く、多岐にわたる環境問題の一部の解決にしかなっていないということ。

例えば、水力発電はCO_2を出さないのでエコと言う人もいるが、河川の生態系に与えるダメージはかなり大きい。

もう一つは、「エコ」や「クリーン」といった言葉は耳あたりが良いために、生き物が減り続けているという現実がかえって見えなくなっているのではないかということ。

「エコ」とつけば効果があると思いこみやすく、観念的な環境保全活動になっているというのは言い過ぎだろうか。

●美しく豊かな川を守る技術を身につけたい（長野県梓川）

いずれにしても、効果をきちんと検証することがこれからの課題である。

今の私たちの社会のあり方や自然保護の技術では、生き物と共生することは、まだ無理なのかもしれない。

しかし、そうであればこそ、そのことと真剣に向き合うべきで、そこから「直す」技術が生まれると思うのである。私も天然アユを増やすという活動の中から「直す」技術を見つけたいと思っている。

みんなでやろう！　産卵場造成

なぜ産卵場造成は必要なのか？

天然アユを増やすためにやらなければならないことはたくさんあるのだが、何はともあれ「卵をたくさん産んでもらう」ことが出発点となる。ただ、最近の川ではそんな基本的なことすらも難しくなっている。

産卵の瞬間の写真を見ていただきたい。実際に産卵しているのは前の方の二尾だけで、その後ろの方にいるたくさんのアユたちはメスが産んでいる卵を食べるために集まっている。あまり知られてはいないが、アユの卵がアユに食べられる量というのはかなり多い（51ページコラム参照）。心配なことに、こういった「食卵行動」の被害は近年大きくなっているように思えるのである。

というのは、本来は小石の間に深く埋もれているはずの卵が川底の表面近くに付着するようになり、食べられやすい状態になっているためである。この原因は言うまでもなく川の環境悪化にある。

アユの産卵場は「浮き石」状態の河床に形成される。「浮き石」河床というのは、小石の間にすき間がたくさんある状態である。この状態だとアユが卵を産むとすきまに入っていって、石に付着

●アユの産卵の瞬間。前の方の２尾が産卵中のアユで、その後方のアユは卵を食べるために集まっている（高知県安田川）

する。川がまだ健康であった三〇年ぐらい前、例えば四万十川ではその深さはだいたい15～20センチあった。それくらい埋まっていると、卵が石で守られて食べられにくくなるし、ちょっと水が出たくらいでは流されない。

ところが最近、山の崩壊とか河川工事とか、いろんな理由でこの浮き石状態の河床が無くなりつつある。石のすき間に砂や泥が入って「目詰まり」を起こしているのである。ダムを作ってから三〇年以上経過した川では、上流から砂利が流れてこないために小石底そのものが失われていることもある。そういう川で卵が埋没している深さを測ってみるとわずか3～5センチしかないことが多い。

こういった理由から、産卵に好適な浮き石底を復活させるために造成が必要になってくるわけである。

産卵場造成の実際

作業はまず、場所の選定から始まる。私は産卵期直前に川に潜ってお腹が大きくなったメスが集まっているトロや淵を確認したうえで、その近くの瀬を造成するようにしている。卵を産む場所に関しては彼らなりの選択基準が存在するらしく、人間の都合で造成してもアユに見向きもされない

●ブルドーザーを使った造成。砂泥を洗い流している（静岡県天竜川）

ことがある。

場所の次は「時期」が問題となる。「産卵直前」をねらうのが望ましいが、これは川や年によって異なる。分からなければ水温が20℃以下になる時期を目安にするとよい。

造成の方法も川のタイプによって違ってくるが、要は産卵のじゃまになる砂と泥を洗い流せばいい。ブルドーザーやバックホー（ユンボ）などの機械を使って河床を掘り起こせば、砂と泥は割合簡単に取り去ることができる。直径20センチ以上の石も産卵のじゃまになるので取り除いた方がベターである。

見落としやすいのは、河床を重機で掘り

●造成した産卵場に産み付けられたアユの卵（高知県奈半利川）

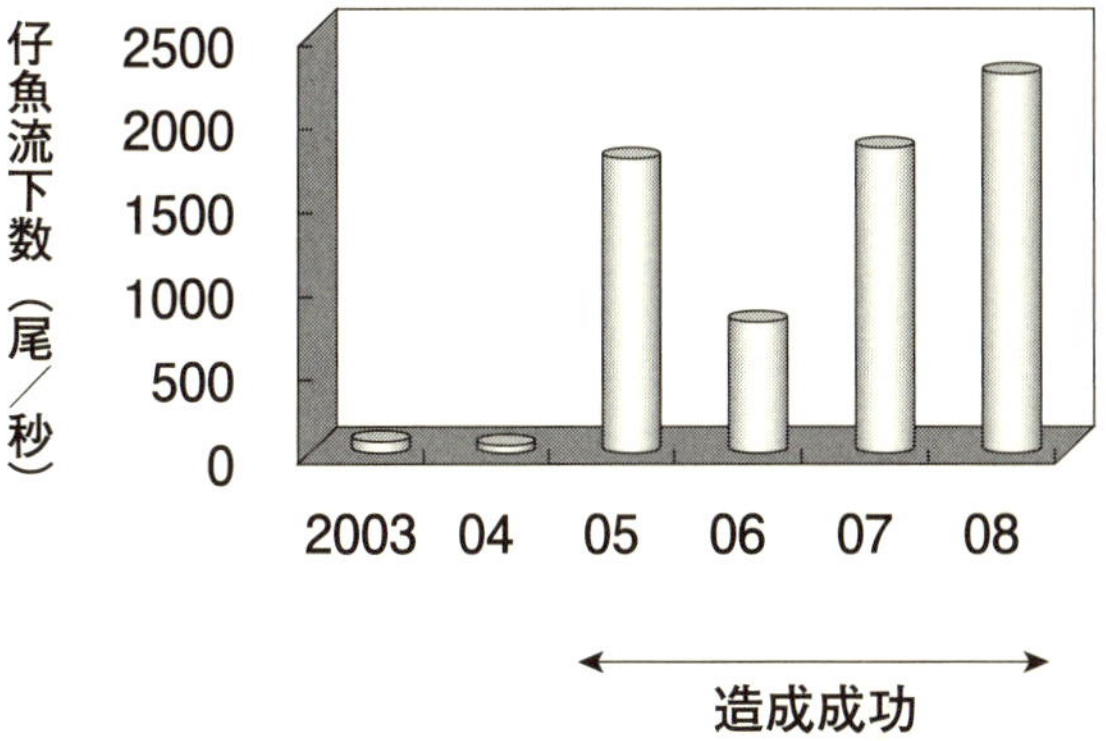

●産卵場造成の効果をふ化したアユの子（仔魚の流下数）で比較。造成の成功によって子どもの数が飛躍的に増えている（高知県奈半利川）

起こした時にできる起伏の処置である。アユは河床に残る「でこぼこ」を嫌う。仕上げは鍬やレーキを使ってできるだけフラットに均《なら》していただきたい。

産卵場造成の効果

産卵場造成によってどのくらいの効果があるだろうか。このことはきちんと検証しておきたい。判定基準はいろいろあるが、私はふ化した子の数を目安にすることが多い。

高知県の奈半利川では造成が成功した二〇〇五年以降、ふ化した子どもの数が飛躍的に増えている（上の図）。奈半利川はダムがあるために川底が特に傷んでいたこともあって、はっきりとした成果となったが、傷んだ川ほど効果が大きいのは確かである。

産卵場造成は簡単な作業であるが、何かちょっとしたことが間違っていると、期待するような効果が出ない。また、その川に最適な造成方法を確立するには二〜三年かかることが多い。なかなかうまくいかずに嫌気がさすこともあるが、失敗の中に大切なヒントが隠されているので、効果の検証作業は必ず行ってほしい。

産卵場造成の功罪

このようにうまくやれば効果のある産卵場造成だが、正直に言うと、できることならしたくないと思っている。

理由は二つあって、一つは、造成などしなくてもアユがうまく産卵できるように、川本来の形を取り戻すことが本筋であるということ。もう一つは、川を重機でいじるために、少なくない数の生き物たちの命を奪ってしまうということ。アユを増やすために他の生き物の命を奪うというのはやはり心が痛むのである。

コラム9

産卵場造成の秘密兵器

アユの産卵場を整備する際の代表的な失敗例は、重機で表面をざっと均したままにすることで、表面にデコボコが残るとアユが嫌って産卵しないことが多い。最後の仕上げの工程で、産卵場の河床をできるだけ平坦に均す必要がある。

この仕上げの作業は鍬やレーキを使って行うが、水中の作業でもあり、なかなかはかどらないし、意外と疲れる。

そこで鉄工所に頼んで作ってもらったのが、産卵場造成用の「トンボ」である。野球場のグランドを均す「トンボ」を参考にして鉄で作ってみた。大きさはプレートの長さが１・５メートル柄の長さは１・７メートル。

産卵場造成用の鉄製トンボ。プレートと柄の長さは自分の車に積めるように調整するとよい。

効果は予想以上で、一つあれば五人分ぐらいの仕事をしてくれる。

使い方は簡単。造成した区域の上流側から引っ張って来るだけである。水の流れが押してくれるので、引っ張るのにもほとんど力がいらない（169ページの写真参照）。鉄の重みとプレート部分にかかる水圧で河床に押しつける力が働き、デコボコをうまく取ることができる。

産卵場を造成する際には、ぜひお試しいただきたい。

水力発電とアユの共存の道をさぐる

水力発電がアユに悪影響を与えているということを否定する人はいないと思うが、「そういった問題は漁業補償によってすべて解決している」という姿勢を取る事業者はいまだに少なくない。しかし、最近になって、発電事業にある程度のマイナスが生じたとしても、環境対策に取り組もうという事業者が出てきた。

例えば、愛知県の矢作《やはぎ》ダムでは中部電力がダムに余分の水を溜めておき、その水をアユの遡上時期や流下時期にアユのために放流するという取り組みを始めて、一定の成果を上げている。

私が関わっている河川でも、例えば、高知県の奈半利川《なはりがわ》では、発電事業者である電源開発が天然アユを増やす取り組みに積極的に参加してくれている。

奈半利川では、発電用のダムによって下流への土砂供給が少なくなり、アユの産卵場が荒廃（産卵に必要な砂利が減少）していた。このことがアユ減少の一因となっていることが分かり、対策として、産卵場を造成し、そこにプラントでフルイに掛けた砂利を投入してもらっている。さらに、産卵のピーク期間中は、水位を安定させるために、発電で使用する水量に一定の制限をかけてもらっている。奈半利川では発電のために一日のうちで水位が数十センチも変化するため、卵が干上が

●プラントでフルイに掛けた砂利をダンプで運んで産卵場に投入（高知県奈半利川）

ったり、流失したりしていたのである。

また、物質的な援助だけでなく、産卵場の仕上げの際には発電所の職員らが毎年鍬やレーキを持って手伝いに来てくれている。産卵場の良し悪しはこの仕上げの作業をいかにていねいにやるかによって決まるので、この応援は本当にありがたい。

現在、この造成は非常にうまく機能しており、毎年大量の仔魚がふ化している（163ページ参照）。

奈半利川では産卵場の荒廃だけでなく、ダムに起因した濁水の長期化等、まだまだ問題は山積みなのだが、少しずつ対策が進みつつある。

これまで、発電とアユ漁業は明らかな敵

●電力会社の職員が産卵場作りに協力してくれる。

対関係にあった。ただ、残念ながら、ケンカしていても（不要だとは思わないのだが）問題の解決にはつながらない。電力会社にしても長期的に見ると、きちんとした環境対策ができることが、事業を維持することにつながるのではないだろうか。

矢作川漁協の組合長、新見幾男さんは「一〇年くらい前、ダムと漁業の共存という言葉をおそるおそる使ってみたわけです。『そんなことが実現できるのかなあ』という疑問をもちろん持っておりましたけれど、今では『ダムとの積極的な共存なしには漁業も有り得ない』という結論に達し、ダムの対策をたてています」と語っている。

子らよ、川に潜って遊べ——清流新荘川《しんじょうがわ》

新荘川（高知県）は流程が25キロほどのどこにでもあるような小さな河川である。しかし、その水のきれいさはあまり類を見ない。河口まで10メートル以上の透明度が維持されている川は日本でも本当に少なくなったが、新荘川はそんな数少ない川の一つである。

釣りを愛した小説家の森下雨村も新荘川によく釣りに来ていたらしく、鮎の友釣りをした話を残している。雨村が通っていたころの新荘川は、石も大きく、水量も多かったらしいが、今は小石底の穏やかな川になってしまい、友釣りをするには物足りない。

それでも夏になると子ども達であふれている。「川ガキ」たちがチャン鉄砲（魚や川エビを突くための鉄砲型のもり）を使って、魚を突いて楽しんでいる姿を見ていると四〇年前に戻ったような気分になってしまう。

私のささやかな夢は、都会の子ども達をこの川に招くことである。水というのはこんなにもきれいなものだということを川に潜って感じてほしいし、チャン鉄砲を使って、川エビやゴリを突く楽しさも知ってもらいたい。川が小さくて穏やかになってしまったことも「安全」という面からは好都合なのである。

●川遊びをする「川ガキ」は少なくなった（高知県新荘川）

残念なのは、流域の人たちがこの川の価値をあまり意識していないことで、たとえば、田植えの時期になると、田んぼの泥水が川に流れ込んで、せっかくの清流が一ヶ月近くも濁ってしまう。

今、環境と調和した農業はとても大切なことだし、新荘川の美しい水で育てた農作物には「安全」という付加価値を付けることもできる。そういったことで地元が新荘川の価値に気づいてくれると川はもっと良くなると思うのだが。

できれば、そういった地方の営みを都会の人にも応援してほしい。新荘川に遊びに来た都会の子ども達が、やがて応援団になってくれると本当に嬉しいのである。

アユとの共存が安全につながる——武庫川《むこがわ》

兵庫県の武庫川に潜った。尼崎市、西宮市、宝塚市といった都市部を流れる川で、水はあまりきれいではない。水中の視界は50センチしかなくて、手元もよく見えない。石と思って手を載せたのがスッポンの甲羅で、嚙みつかれてしまった。

調査の目的は「武庫川に天然アユ復活の可能性を探る」というもの。結論を先に言えば、「可能性はあるが、かなり困難」というところだろうか。

天然アユの復活というと、海からの遡上のイメージが強いため、堰に作られた魚道の良し悪しが問題にされることが多い。今回の依頼も魚道の評価が目的の一つであった。

しかし、武庫川で天然アユに決定的なダメージを与えているのは、ふ化した子どもが海にたどり着けずに死んでしまうことであるように思われた。

川の中にはアユの子のエサとなるものがないため、できるだけ早く海にたどり着かなければ餓死してしまう。タイムリミットはふ化してからおよそ四日間。産卵場から下流に堰堤があると、その貯水池を脱出するのに時間を費やしてしまう。武庫川の場合も下流にたくさんの堰堤があり、アユの子が海にたどり着く可能性はかなり低いように思えた。

●兵庫県宝塚市を流れる武庫川。天然アユ復活にむけての取り組みが始まった。

「人がここまで川を改変してしまってい
いものだろうか？」というのが正直な感想である。多くの堰堤（取水堰や床止）によって、住民の利便性と安全が確保されていることは理解できる。ただ、生き物と共存できる環境を維持することも生活の「安全」につながるのではないだろうか。生き物の生存に配慮できる社会とそうでない社会。天然アユを守るためだけでも様々な環境を保全しなければならない。しかし、そのことは私たちの環境を良好に維持することにもつながる。

宝塚大劇場の前を流れる武庫川に天然アユが住む。これは魅力的な住環境だと思うのである。

その後

武庫川では二〇〇九年一月に市民らが「武庫川に天然アユの復活を」と題したフォーラムを開催し、活発な議論が行われた。また、兵庫県もそれを受けて天然アユ復活へ向けての基礎調査を始めた。こういったスピード感ある動きを見ていると、武庫川に天然アユが戻ってくるのも夢物語ではないような気になってきた。

産卵保護から見えてくる自然との付き合い方

アユの遡上量の増減は雨量や水温といった気象条件が関係していると言われているのだが、「遡上量を増やしたい」という場合、こういった要素はほとんどコントロールできない。できるとすればふ化するアユの子の数を増やすことである。

ふ化量を増やすためには、まずは十分な数の親アユを確保することが重要で、夏場の取り過ぎを規制するような対策が必要となる。それに加えて、確実に産卵できるよう産卵場を整備したり、禁漁期を設けるといった対策も効果が大きい。

こういったアユを増やすための対策の必要性については、比較的理解されやすいのだが、いざこれを実施に移そうとすると意外に難しく、反対されることも少なくない。

たとえば「産卵の保護」は産卵場ができる下流部が対象となる。極端な言い方をすれば、落ち鮎漁を昔から楽しみにしてきた下流の人たちだけが我慢しなければならない対策である。皮肉なことに、こういった対策の恩恵（天然アユの増加）は、我慢した下流の人よりもむしろ上流の人たちが受けることが多い。アユは上流に遡上するためである。

このように利害がはっきりとするために産卵の保護はうまくいかないことが少なくない。なぜ、自分たちだけが我慢しなければならないのかという反発があるためである。「地域エゴ」と言えないこともないが、漁協の中には昔からの「地区意識」のようなものが色濃く残っているため、はたから見るほど簡単な問題ではない。ただ、そういった人間主体の考え方や利用の仕方では天然アユを守ることが難しくなっているのも事実。アユの再生産を重視した仕組み作りを急がなければならない。

同じようなことは環境問題全般に言えることで、自然の再生能力を超えない範囲で資源を利用する持続的な社会システムが求められている。アユを守り、自然の恵みとして有効に活用する中から、自然との付き合い方が見えてくることを期待している。

●昼間、淵で休む親アユ。群れる上に警戒心をなくすため、乱獲されやすい（高知県新荘川）

ふるさとを守る

年のせいか、最近「ふるさと」という言葉が頭に浮かぶようになった。手元の辞書によれば「その人が短かからぬ歳月住んだ土地。それに接すれば心のやすらぎが得られる場所」とある。単に「子どものころに住んだ土地」ということではないようだ。

ぼんやりと考えているのは、この「ふるさと」という概念というか、感覚というか、「ふるさと感」のようなものは、どのようにして形成されるのかということである。

自分の経験を通してみると、子どもの頃に見た景色や体験したことが「ふるさと感」のベースになっている。夕方まで友達と遊んだ神社の境内、はじめてつかんだアユの感触、フナやメダカを取った小川……。思い出しているときりがないが、いずれも住んでいた土地の風土の中で体験したことである。

気になるのは、今の子どもたちのことで、私たちの世代と比べると風土に根ざした体験の機会が圧倒的に少なくなっている。これはゲームなどのバーチャルな遊びが拡大したことも一因なのだが、それだけではなく、子どもを取り巻く環境から体験できる機会そのものが減っていることが大きいように思う。

●美しい川をいつまでも残したい（高知県四万十川）

学校からは「川で遊ぶな」と言われるし、魚を取ろうにも、魚のいる小川そのものがなくなっている。風土に根ざしていた土地の景色は均一化が進み、今やどこに行っても同じ形をした量販店がランドマークのようにそびえ立つ。

はたして、今の子どもたちは「ふるさと」を自分の中にうまく形成できるのだろうか。そして、もしもうまくできないとするなら、生まれ育った地域への愛着心も希薄になりはしないだろうか。それは「地方」にとってとても怖いことではないだろうか。

最近、子どもたちに自然を体験させる教室が各地で催されている。今のところ、こういった善意に頼るほかないのかもしれないが、子どもたちが自発的に体験できる環境――豊かな自然とそれで遊ぶことが許される社会の仕組み――を取り戻すことしか本質的な解決はないように思う。

天然アユを増やしたり、生き物の住める小川を再生したりする取り組みは、環境保全や生物多様性の維持という面から評価されているが、実はそれだけではなく、文化的な側面が隠れている。残念なことは、今の経済優先の社会の仕組みは、こういった目に見えないものをきちんと評価しないことで、みんなが漠然とした不安を抱きながら、「ふるさと」は今も失われつつある。

天然アユは誰のもの？

天然アユは誰のもの？　この問いに答えるのはなかなか難しい。

アユに対して漁業権が設定された川（アユ釣りをするのに入漁券が必要な川）では、アユは漁協のものと言えなくもない。漁業権は物権とみなされており、漁協は排他的に漁業を営む権利を持つためである。

しかし、放流したアユならともかく、本来無主物である天然のアユに対して、漁協が所有権を主張するのは無理があるという意見は多い。現実的には「漁協を中心とした地域住民のもの」あるいは「国民のもの」という解釈が妥当なところではないだろうか。

漁協にしても、天然アユを増やすには多方面からの協力が不可欠であるため、「漁協のもの」と主張していては、天然アユを増やすこと自体が難しくなる。漁協は天然アユを増やす努力（産卵場整備など）をすることで、漁場やアユ資源を維持管理し、そのための費用を一般の釣り人からも入漁料として徴収すると考えると、多くの人の納得が得られるのではないだろうか。

これまで、たとえばダムが建設される時、アユが川から失われる代償として補償金が漁協に支払われた。漁協は補償金を使って稚アユを放流し漁場を維持しようとしたが、現実的にはアユはいなくなり、川の環境も悪くなった。

最近では「補償金はいらないから、アユが住みやすい環境を守ってくれ」という漁協が出始めた。今後「天然アユは地域の共有財産」という考え方がさらに浸透すれば、アユや川を守る方策がこれまで以上に真剣に検討される（せざるを得なくなる？）ようになるかもしれない。そのことは安易な開発に歯止めをかけ、良好な自然環境を将来へ残すことにもつながっていく。

天然アユは誰のもの？　この単純な問いかけは、私たちにいろいろなことを考えさせてくれる。

●アユの顔を見ていると「アユは誰のものでもない！」と怒っているように思えてくる（高知県奈半利川）

ただ、こんな話をしていると、当のアユは「勝手に決めるな！」と怒っているかもしれないのだが。

川を大切にする仕組み

私たちが生活するためには川を利用せざるを得ない。農業に水は不可欠であるし、食材として魚を取ることもある。家庭の汚水を川の水で希釈してしまうのも、大雨の水を素早く海に流すことも利用の一つの形である。

問題は利用と環境とのバランスで、経済優先の考え方で利用が進めば、「収奪」に近くなってしまう。そうなると川は大きく姿を変え、本来は住民が等しく得られるはずの「生態系のサービス」――美しい景観、清潔な水、心地よい川風、天然のアユ等々、私たちが川を愛する根源となっているもの――が失われる。

そして、川を日常的に利用できなくなると川と人の関わりが急速に薄れてしまう。そうなると川の環境はますます悪化し、そのことがやがては私たちに、もっと正確に言えば「未来の私たち」に

●鮎釣りができるような川を後世に引き継ぎたい（高知県仁淀川）

帰ってくる。

そう考えると、川を大切なもの、美しいものと思えるように維持しながら、川の恵みを利用することの大切さが見えてくる。

ただ、川の環境を守るということは、そのための技術があるだけでは無理で、市民をはじめとして多くの人たちの理解や協力が不可欠である。難しいのはこの部分で、住民が川を「大切なもの」と思える仕掛けが必要なのかもしれない。

最近、都市河川でも天然アユの復活を目標にかかげた市民活動が増えている。川の環境が良くなることの象徴としてアユが取り上げられているのである。アユというのは日本人にとってなじみの深い魚であるし、昔から「自然の恵み」として利用してきた。春に川をたくさんの稚アユが上ってくると楽しい気持ちになるのは、桜が咲くと嬉しくなるようなものである。

そんなふうに日本人とつながりが深い天然のアユがよみがえることで、住民が川を大切なものと感じてくれるようになれば、人にとってもアユにとっても幸せなことだと思う。

百年鮎構想

アユ釣りのメッカとも言える長良川で二、三〇代の若者らが「長良川百年鮎構想」を打ち立てている。「一〇〇年後の長良川に天然アユが帰ってくることを究極の目標にして、循環型の地域作りをしよう」という、「未来の地域」に生きる当事者としての呼びかけである。

私がこの構想に興味を持ったのは、長良川が与えてくれる美しい景色や天然のアユといった自然の恵みを「当然の権利」として意識しようと提言している点。平たく言うと、川や天然のアユに対して「当事者意識」を持とうということなのである。何か新しい取り組みを始めようと言っているのではなくて、長良川の流域で生活しているものとして「それぞれの日常の中で川を守るために能動的に動こうよ」というメッセージである。

少し前（たぶん昭和三〇～四〇年頃）まで、川や川を上ってくるアユといったものに対して、地域の人たちは強い当事者意識を持っていたはずである。ところが近年、川は役所に任せっきり、アユは漁協が放流するものとなってしまい、市民の間から川やアユに対する当事者意識は急速に薄れてしまった。人が川から離れてしまったのである。私はこのことが川が荒廃し、天然アユが少なくなることを助長したと考えている。

二〇〇八年一一月、和歌山市で「天然アユを増やすと決めた漁協のシンポジウム」を開催した。パネルディスカッションのテーマは「天然アユは誰のもの？」。議論されたことを集約すると次のようになる。

天然アユは漁協の専有物ではなく、みんなのものである。ただ、「みんな」とは誰なのか？　決して不特定多数のみんなということではない。川を守り、天然アユを増やすことに努力した「みんな」のものである。

「長良川百年鮎構想」の立案者である蒲《かば》勇介さんは、「今、物事を決めている世代が自分の孫やひ孫が生きる時代のことを真剣に考えるなら、次の世代がこの流域の資源で生きていくための循環型の社会システムを当事者意識を持って考えるべきだ」と話してくれた。

●2008年11月に和歌山市で開かれた「天然アユを増やすと決めた漁協のシンポジウム」。「天然アユは誰のもの？」というテーマでパネルディスカッションが行われた。

蒲さんが指摘するとおり、今、物事の決定は三年から五年という短いスパンで行われている。このことで「今の豊かさ」が確保されていることは否定しないが、その一方で次の世代に大きな負担――悪化した環境、不足する資源――を強いるようになることは誰の目にも明らかとなっている。

「今、物事を決めている世代」が若いころ、日本の川にはアユがあふれていた。子々孫々と受け継がれてきた自然の恵みをわずか一代で食いつぶしてしまったのが、私たち「今、物事を決めている世代」であることは紛れのない事実である。一〇〇年先、いや、せめて五〇年先のことを当事者意識を持って考えられるようにならなければならないと思う。

蒲さんは二九才（二〇〇九年）である。

天然アユを守りたい

知人から「ウルカ」をいただいた。ご存じ、アユのはらわたの塩漬けである。日本酒との相性は抜群で、私の文章力では表現しきれないのだが、とにかくうまい。

ただ、最近、美味しいウルカを作るのが難しくなったと聞いている。それは、きれいなコケを食べたアユがなかなか手に入らないためであり、もっと言えば、きれいな川が少なくなったということでもある。

こういった食文化がすたれていくのは寂しいことであるが、アユや川を取り巻く環境はきびしく、あきらめざるを得ないという気もしている。自然環境や生き物を犠牲にしながら人だけが豊かに生きるという今の私たちの暮らし方は、失うものも多い。

しかし、そんな中にも一筋の光明が見えている。アユやきれいな川を取り戻そうという取り組みが各地で始まっているのである。

百万尾を超える天然アユが遡上し話題となった東京都の多摩川では、これを契機に清流を取り戻す運動が始まった。「全国一汚い川」とまで言われていた大阪府の大和川でも百万尾の天然アユを上らせるというプロジェクトが発足した。川辺川ダム問題に揺れている熊本県の球磨川《くまがわ》では、天然アユを守るために女性たちが「尺鮎トラスト運動」を行っている。本書でご紹介したとおり、全国の漁協の中にも天然アユを増やすことに取り組み始めたところが少しずつ増えてきた。

こういった取り組みが実を結び、日本の川にたくさんの天然アユが遡上するようになれば、それは私たちが自然とうまく付き合えるようになったことを意味するのではないだろうか。そして、そういった努力に対するごほうびとして、美味しいアユやウルカが普通に食べられるようになれば嬉しいし、そんな暮らし方は次の世代への贈り物となると思う。

日本のあちこちに「天然アユが育つ川」が戻ってくることを祈る。

●天然アユが遡上するような環境を残したい（高知県安田川）

おわりに

二〇〇六年に東健作さんと共著で『ここまでわかったアユの本』を築地書館から出版していただいた。読者からお電話があり「『ここまでわかった』というからずいぶん分かったのだろうと思って買ったら、何も分かっていないではないか」というお叱りをいただいた。

丁重にお詫びしたのだが、生き物のことを知るというのは、本当に難しく、正直なところ分からないことだらけなのである。

しかし、最近のアユの減り方を見ていると、「分からないから何もしない（できない）」というのは、アユに関わってきた者として、無責任な態度ではないかと考えるようになった。

確かに分からないままに行動することには常にリスクが伴うが、できるだけ情報をオープンにして、ご批判をいただきながら行動する――修正すべきところは迅速に修正する――ことが現実的なやり方ではないかと思うのである。やってみないと分からないことがたくさんあるがゆえに、失敗の中に、解決の道も見えてくるのではないだろうか。

本書ではアユを通して見えてきた川の問題や人の関わり方について、できるだけ平易に書いたつもりである。ただ、読まれる方によっては不十分さを感じられるのではないかと危惧しているが、本書の趣旨をご理解いただき、お許し願いたい。

本書を読んでいただくことでアユが置かれた苦しい状況を少しでも多くの人に知っていただき、そして何かを始めていただくきっかけになれば、こんな嬉しいことはない。

この本の大部分は、二〇〇七年から二〇〇八年に中日新聞、東京新聞、矢作新報に連載させていただいた記事と月刊誌「つり人」に掲載していただいた文章で構成されている。お世話になった中日新聞の遠藤健司さんと重村敦さん、矢作新報社の新見克也さん、つり人社の真野秋綱さんに厚くお礼申し上げる。

本書の出版にあたっては築地書館の柴萩正嗣氏に大変にお世話になった。心からお礼申し上げる。

参考文献

第1章

阿部信一郎（二〇〇四）アユが自ら創る付着藻類群のえさ環境　養殖（二〇〇四・七）八六－八八頁

東幹夫・程木義邦・高橋勇夫（二〇〇三）球磨川流域におけるアユ仔魚の流下と中流ダムの影響　日本自然保護協会報告書94　二一－三〇頁

井口恵一朗（一九九六）アユの生活史戦略と繁殖　桑村哲生・中嶋康裕（編）四二－七七頁　魚類の繁殖戦略1　海游舎　東京

石田力三（一九六一）アユの産卵生態―II、産卵魚の体型と産卵床の砂礫の大きさ　日本水産学会誌27（12）一〇五二－一〇五七頁

伊藤隆・岩井寿夫・古市達也（一九六八）アユ種苗の人工生産に関する研究―LXI　アユの人工孵化仔魚の生残に対する水温の影響　木曽三川河口資源調査報告5　五七一－五八四頁

川那部浩哉（一九七六）アユ清流に生きる香り高き魚　アニマ43　二一－二八頁

岸野底・四宮明彦（二〇〇三）奄美大島の役勝川におけるリュウキュウアユの遡上生態　日本水産学会誌69（4）六二四－六三一頁

北大路魯山人（一九九八）魯山人の食卓　角川春樹事務所　東京

松野隆男（二〇〇四）エビ・カニはなぜ赤い　成山堂　東京

水辺の小わざプロジェクトチーム（二〇〇八）水辺の小わざ（改訂増補版）浜野龍夫・伊藤信行・山本一夫（編）山口県土木建築部河川課

野中忠（二〇〇四）統計から見たアユの漁獲量と河川遡上について　広報ないすいめん38　一九－二二頁

渋谷高弘（一九八四）日本全国アユの味　二〇四－二〇六頁　アユ―生態と釣法　世界文化社　東京

立原一憲（一九九四）アユの陸封化　一六八－一七一頁　琉球の清流　沖縄出版　浦添

田畑和男・柄多哲（一九七九）アユ種苗生産技術の検討―V　卵およびふ化仔魚の高水温耐性と卵質との関係について　兵庫県水産試験場研究報告19　三九－四二頁

高橋勇夫（二〇〇五）四万十川河口域におけるアユの初期生活史に関する研究　高知大学海洋生物教育研究センター研究報告23

一一三－一七三頁

Takahashi I, K. Azuma, H. Hiraga and S. Fujita. 1999. Different mortality in larval stage of ayu Plecoglossus altivelis in the Shimanto Estuary and adjacent coastal waters. Fisheries Sci., 65(2): 206－211.

Takahashi I, K. Azuma, S. Fujita, I. Kinoshita and H. Hiraga. 2003. Annual changes in the hatching period of the dominant cohort of larval and juvenile ayu Plecoglossus altivelis altivelis in the Shimanto Estuary and adjacent coastal waters during 1986－2001. Fisheries Sci., 69(3): 348－444.

塚本勝巳（一九八八）アユの回遊メカニズムと行動特性　上野輝彌・沖山宗雄（編）一〇〇－一三三頁　現代の魚類学　朝倉書店　東京

塚本勝巳・内田和男（一九九二）アユの放流効果と種苗性　アユの放流研究アユ（アユ放流研究部会昭和六三年～平成二年度のまとめ）全国湖沼河川養殖研究会アユ放流研究部会　九－一八頁

山本麻希（二〇〇八）カワウってどんな鳥　全国内水面漁連　東京

山崎武（一九八三）大河のほとりにて　高新企業出版部　高知

第2章

谷田一三・竹門康弘（一九九九）ダムが河川の底生動物に与える影響　応用生態工学2（2）一五三－一六四頁

第3章

岐阜県水産試験場（一九九二）適正放流基準の検討とりまとめ　三一－三八頁　アユの放流研究（アユ資源研究部会昭和六三年～平成二年度のまとめ）全国湖沼河川養殖研究会アユ資源研究部会

井口恵一朗・伊藤文成（一九九八）ネイティブなアユが子孫を残せる川　森誠一（編）一三一－一四四頁　魚から見た水環境―復元生態学に向けて／河川編―　信山社サイテック　東京

丸山隆（二〇〇五）内水面における遊漁の諸問題　日本水産学会増殖懇話会（編）一三三－一四七頁　遊漁問題を問う　恒星社厚生閣　東京

芝村龍太（二〇〇三）川の権利をめぐって　五三－一一四頁　環境漁協宣言　矢作川漁業協同組合

谷口順彦（二〇〇六）アユ人工種苗の種苗性向上について（種苗性に関わる遺伝要因と環境要因）日本水産資源保護協会月報

498　三－一一頁
天然アユ保全ネットワーク（二〇〇八）天然アユを増やすと決めた漁協のシンポジウム（第二回　二〇〇七年矢作川大会）記録集　第二分科会
友保礼次郎（二〇〇六）岡山県奥津川にみる冷水病対策　九八－一〇〇頁　友釣り21　週間テレビ　浜松市
若林久嗣（二〇〇三）アユ種苗の河川放流と冷水病対策　日本水産資源保護協会月報458　七－一〇頁

第4章

水野馨生里（二〇〇七）水うちわをめぐる旅―長良川でつながる地域デザイン　新評論　東京
セヴァン・カリス＝スズキ（二〇〇三）あなたが世界を変える日　学陽書房　東京
サンドラ・ポステル＋ブライアン・リクター（二〇〇六）命の川　新樹社　東京
菅豊（二〇〇六）川は誰のものか　吉川弘文館　東京
天然アユ保全ネットワーク（二〇〇九）天然アユを増やすと決めた漁協のシンポジウム（第三回　二〇〇八年和歌山大会）記録集

著者略歴

高橋勇夫（たかはし　いさお）

一九五七年高知県生まれ。長崎大学水産学部卒業。農学博士。

一九八一年から、㈱西日本科学技術研究所で水生生物の調査とアユの生態研究に従事。

二〇〇三年、「たかはし河川生物調査事務所」を設立し、天然アユの資源保全に取り組む。

年間一〇〇日以上、川に入ってアユを調査・観察している。

趣味は釣りと野菜づくり。

天然アユが育つ川

二〇〇九年八月一五日　初版発行

著者――高橋勇夫

発行者――土井二郎

発行所――築地書館株式会社

東京都中央区築地七-四-四-二〇一　〒一〇四-〇〇四五

TEL　〇三-三五四二-三七三一

FAX　〇三-三五四一-五七九九

ホームページ =http://www.tsukiji-shokan.co.jp/

振替　〇〇一一〇-五-一九〇五七

印刷・製本――シナノ印刷株式会社

装幀――今東淳雄 (maro design)

ISBN 978-4-8067-1388-3 C0045